Ing. Karl-Heinz Rabis
Kfz-Mstr. Dieter Schulze
Ernst Spahn

Ich fahre einen SHIGULI/ LADA

Fahrzeugvorstellung
Fahrzeughandhabung
Technische Durchsicht
Störungssuche
und -beseitigung
Nützliche Ergänzungen

5., durchgesehene Auflage

trans press classics

Produkthinweis:
Dieses Buch wurde nach den geltenden Vorschriften der General Product Safety Regulation (GPSR) entwickelt. Bei Fragen oder Problemen wenden Sie sich bitte an den Verlag unter der folgenden E-Mail-Adresse: gpsr@paul-pietsch-verlage.de

ISBN 978-3-613-71774-9

1. Auflage 2025 (unveränderter Nachdruck der 5., durchgesehenen Auflage 1984)

Sie finden uns im Internet unter www.transpress.de

Verlagslektor: Ernst Spahn
Einbandentwurf: Günter Nitzsche
Gestaltung: Ingrid Romanowski
Titelbild: Werkfoto
Fotos: Irmgard Pochanke
Redaktionsschluß: Januar 1983
Druck und Bindung: HUNTER Books GmbH, 63184 Mainaschaff
Printed in Germany

Vorwort

Dieses Buch, nunmehr als 5. Auflage in Form eines Nachdruckes der 4. Auflage vorliegend und somit so wie diese Auflage auf die spezifischen Fragen der WAS-Fahrer und -Anwärter eingehend, macht Sie erstens mit den konstruktionsbedingten Eigenschaften der WAS-Typen vertraut, damit Sie dieselben im Interesse einer hohen Verkehrssicherheit jederzeit vorteilhaft nutzen. Zweitens zeigt es Ihnen, wie die einzelnen WAS-Typen sinnvoll gewartet werden. Drittens macht es Sie damit bekannt, wie sich Störungen bemerkbar machen, wie die Ursachen hierfür aufgefunden und die Störungen schließlich aus eigener Kraft beseitigt werden.

Der Inhalt ist praxisnah erarbeitet. Neben den kurz gefaßten, aber doch das wesentliche enthaltenden Kapiteln „Fahrzeugvorstellung" und „Fahrzeughandhabung" wurde in den beiden Hauptkapiteln „Technische Durchsicht" sowie „Störungssuche und -beseitigung" größter Wert auf konkrete, nachvollziehbare Ratschläge gelegt. Die jeweiligen Überschriften weisen hierbei auf die möglichen Ursachen eines Mangels hin bzw. lassen sie erkennen, wo die entsprechenden Ratschläge zu finden sind. „Nützliche Ergänzungen" runden das Buch ab.

Beigelegt sind, dem Wunsch vieler Leser entsprechend, die Schaltpläne der elektrischen Anlagen der Typen WAS 2101, 21011, 2103 und 2106, was der Störungssuche und -beseitigung an der elektrischen Anlage des Fahrzeugs förderlich sein dürfte.

Alle WAS-Typen sind schnelle Fahrzeuge. Wer meint, sie in dafür ungeeigenten Verkehrssituationen voll ausfahren zu können, dem sei gesagt, daß die Pkw-Fahrer den höchsten Anteil an den Verkehrsunfällen haben, auch wenn sie im allgemeinen das Verkehrsgeschehen auf den Straßen der Republik positiv mitbestimmen. Es kann darum im eigenen Interesse und im Interesse aller anderen Verkehrsteilnehmer nur gelten, die Regeln der StVO bei jeder Fahrt voll zu beachten und so einen aktiven Beitrag zur Erhöhung der Verkehrssicherheit zu leisten.

Autoren und Verlag hoffen, sie mit den in diesem Buch zusammengestellten Ratschlägen zu befähigen, Ihr Fahrzeug nach Ablauf der Garantiezeit selbst warten und in den Grenzen, die dem Nichtfachmann nun einmal gesetzt sind, auch reparieren zu können; eben, damit Sie stets mit einem verkehrssicheren Fahrzeug am Straßenverkehr teilnehmen.

Verwendet sind die neuen physikalisch-technischen Einheiten, das Internationale Einheitensystem (SI). Die allgemein bekannten Einheiten sind jeweils in Klammern dahintergesetzt.

Hingewiesen sei darauf, daß der Inhalt des Buches dem technischen Stand der Fahrzeuge von 1980 entspricht, die Weiterentwicklungen im Detail, insbesondere beim WAS 2105, aber dennoch enthalten sind. Darum meinen wir auch, daß diese Auflage Tausenden von Lada-Fahrern, und hierbei insbesondere den Zweitbesitzern, aber auch den Besitzern des neuen WAS 2105, wertvolle Anregungen für den Umgang mit dem Fahrzeug gibt.

Autoren und Verlag

Inhalt

Fahrzeugvorstellung

Auf den Straßen der Republik rollen die zu Zehntausenden, die sowjetischen Pkw mit dem Markennamen WAS in Form des Lada 2101 (1198 cm^3), 2102 (1198 cm^3), 21011 (1294 cm^3), 2103 (1452 cm^3), 2106 (1568 cm^3) und neuerdings des 2105 (1294 cm^3). Sehen wir uns an, worin die sich voneinander unterscheiden.

Baumuster/ Unterscheidungsmerkmale

Den konstruktiven Grundaufbau aller WAS-Typen – ausgenommen natürlich die Kombivariante 2102 mit ihrer speziellen Karosserieform – zeigt Bild 1-1. Für uns ist, wenn auf diesem Bild auch nur zum Teil sichtbar, interessant, daß die sowjetischen Automobilbauer den WAS kontinuierlich weiterentwickelten. Diese Weiterentwicklungen machen seine hohe Sicherheit und Wirtschaftlichkeit aus. Im einzelnen sind das

- eine stabile Karosserie,
- ein modernes Triebwerk, heute mit Zahnriemenantrieb für die Nockenwelle, und
- eine moderne Bremsanlage mit Bremskraftverstärker bei den größeren Typen.

WAS 2101: Standardmodell der WAS-Baureihe. Durch seine schlichte Gestaltung ist es das Alltagsauto mit dem geringsten Pflegeaufwand.

WAS 2102: Kombiversion des WAS 2101. Bei gleichen technischen Parametern sind infolge des Zuschnittes für den Lastentransport die hinteren Federn verstärkt und die Reifen größer dimensioniert.

WAS 21011: Grundtyp mit gegenüber dem WAS 2101 stärkeren Motor und Verbesserungen im Detail, u. a. Scheibenwaschanlage und Rückfahrscheinwerfer.

WAS 2103: Komfortable Limousine mit 54-kW-Motor (75 PS), Bremskraftverstärker und automatischer Bremsennachstellung an den Hinterrädern.

WAS 2106: Komfortable Limousine mit 59-kW-Motor (80 PS), auf die erhöhte Motorleistung abgestimmtem Getriebe und erhöhtem Innenkomfort.

WAS 2105: Neuestes Baumuster der WAS-Reihe mit modifizierter Karosserie und weiterentwickeltem Vergaser mit erheblich geringerem Kraftstoffverbrauch.
Die älteren WAS-Typen dürften bekannt sein. Somit bleibt die Frage: Was zeichnet den WAS 2105 gegenüber den anderen WAS-Typen aus?

Lada im neuen Gewand

Mit dem WAS 2105 präsentiert sich der Lada im neuen Gewand. Es läßt ihn gestreckter erscheinen. Vornehmlich die Rechteckleuchten und die wuchtigen Stoßstangen tragen zu diesem Eindruck bei. Ansonsten ist folgendes bemerkenswert:

1. Die Rechteckscheinwerfer, bestückt mit Halogen-Zweifadenlampen des Typs H 4, bilden mit den Blinkleuchten eine Einheit und haben eine gemeinsame Streuscheibe. Alle Glühlampen und die Stellschrauben für die Scheinwerfereinstellung sind vom Motorraum aus zugänglich.
2. Unter den neuen Außenkonturen steckt das gleiche Karosseriegerippe wie bei den anderen WAS-Typen; es wird bei unverändertem Radstand von den gleichen Achsen getragen. Am Platzangebot im Innenraum hat sich demzufolge nichts geändert, obwohl die Überhänge vorn und hinten geringfügig größer geworden sind.

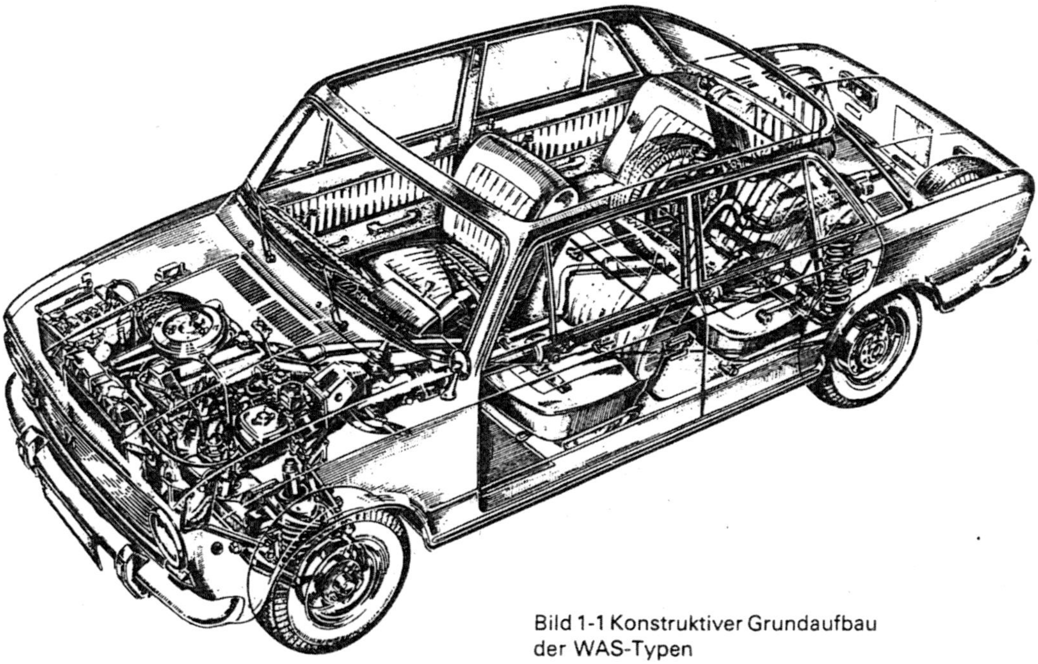

Bild 1-1 Konstruktiver Grundaufbau der WAS-Typen

3. In Spurhaltung und Fahrsicherheit ist der Lada 2105 den beiden stärkeren Typen 2103 und 2106 zumindest ebenbürtig.
4. Die Lenksäule besteht nicht mehr aus einem Stück, sondern ist zweiteilig ausgeführt. Bei einem Unfall kann sie seitlich ausknicken und weniger als bisher den Fahrer gefährden.
5. Für einen erheblich reduzierten Kraftaufwand beim Bremsen sorgt, wie bisher nur bei den Lada-Typen 2103 und 2106 vorhanden, ein Unterdruck-Bremskraftverstärker.
6. Die Instrumententafel enthält ein Voltmeter, dessen Anzeige von 8 bis 16 Volt reicht. Mit seinen farbig unterteilten Skalenbereichen orientiert es auch während des Anlassens des Motors über den Ladezustand der Batterie und erinnert so an das rechtzeitige Nachladen derselben, wenn bei Anlasserbelastung die Spannung bis in das rote Feld (unter 11 Volt) abfallen sollte.
7. An der Beleuchtung nach hinten gibt es eine ganze Reihe lobenswerter Verbesserungen. So sind beispielsweise die Nebelschlußleuchten in die rückwärtigen Leuchten dergestalt integriert, daß zu den vorhandenen 4-Watt-Glühlampen für die Nachtfahrt 21-Watt-Glühlampen bei Fahrten im Nebel hinzugeschaltet werden können.
8. Die Sicherungen fanden im Motorraum in einem besonderen Tableau Platz. Es enthält unter einem durchsichtigen Deckel 17 Sicherungen und 4 Relais. Der Vorteil: Alle aus dem vorderen Teil des Fahrzeugs kommenden Leitungen sind in Mehrfachsteckern zusammengefaßt und münden in Steckleisten auf der Unterseite des Sicherungskastens, während die in den Innenraum und zum Heck des Fahrzeugs führenden Leitungen von der Rückseite des Sicherungskastens abgehen. Ihre Steckleisten sind unter der Instrumententafel zugänglich.
9. Am Motor ist die bisher übliche Steuerkette durch einen Zahnriemen ersetzt worden. Der Motor läuft dadurch etwas ruhiger.
10. Der Vergaser mit pneumatisch gesteuerter zweiter Drosselklappe und Umluftkanal für den Leerlauf ist mit einer sogenannten Schubabschaltung versehen. Kernstück

der Anlage ist ein Ventil, das den Kanal, aus dem das Leerlaufgemisch in den Ansaugkrümmer gelangt, immer dann verschließt, wenn der Fuß vom Gaspedal genommen wird, der Motor also abtourt, oder wenn er als Bremse dient und vom rollenden Fahrzeug mit erhöhter Drehzahl „geschoben" wird. Und da bei diesem Vergasertyp beide Drosselklappen vollständig geschlossen sind, so lange kein Gas gegeben wird, erhält der Motor während der besonders im Stadtverkehr häufigen Schubphasen keinen Kraftstoff mehr, sondern nur dann, wenn er das Fahrzeug zieht oder im Leerlauf läuft. Die Einsparung ist dadurch gegenüber dem Vorgänger mit dem gleichen 1300er Motor (21011) erstaunlich. Während der 21011 mit dem alten Vergaser im Stadtverkehr 10,7 bis 11,3 l/100 km verbrauchte, begnügt sich der 2105 mit dem neuen Vergaser in der Stadt mit 7,4 l/100 km. Mit ständig geöffnetem Leerlaufgemischkanal (Schubabschaltung versuchsweise außer Betrieb gesetzt) ergaben sich 8,0 bis 8,3 l/100 km im Stadtverkehr, also rund 3,0 l/100 km weniger als beim 21011. Ähnlich auf Fernfahrten. Hier ergaben sich bei dem neuen Vergaser Maximalwerte zwischen 7,8 und 8,4 l/100 km (21011: 8,2 bis 9,5 l). Damit dürfte der Lada 2105 das erste Kraftfahrzeug sein, das im Stadtverkehr (dank der Schubabschaltung) nicht mehr Kraftstoff verbraucht als auf Fernfahrten.

Diesen Bemerkungen zum WAS 2105 im allgemeinen und zum Kraftstoffverbrauch im besonderen, die in Anlehnung an den Deutschen Straßenverkehr (Heft 11/1982) gestaltet wurden und die hier auch näher begründet sind, kann man nur hinzufügen: Das ist exzellente Entwicklungsarbeit, die man angesichts der Energiesituation gar nicht hoch genug einschätzen kann!
Weitere Einzelheiten vermitteln die technischen Daten des WAS 2105:

Hubraum (cm^3)	1294
Verdichtung	8,8
Höchstleistung (kW/PS)	48/65
bei Drehzahl (U/min)	5600
max. Drehmoment (Nm/kpm)	96/9,8
bei Drehzahl (U/min)	3400
Bereifung	165 SR 13 (175/70 SR 13)
Felgen	5 J × 13
Batterie (V/A)	12/55
Leermasse (kg)	995
Nutzmasse (kg)	465
zul. Gesamtmasse (kg)	1460
zul. Anhängelast (kg) ungebr./gebremst	500/800
zul. Dachlast (kg)	50

Technische Daten, Kontroll- und Einstellwerte

Die technischen Daten eines Kraftfahrzeuges sagen dem, der sie zu lesen versteht, einiges über die Leistungsfähigkeit des betreffenden Fahrzeugtyps aus. In Anlage 1 sind alle die Daten zusammengestellt, die diese Aussage ermöglichen bzw. die Selbstreparatur erleichtern. Die jeweils auf Mitte stehenden Daten gelten für alle vier Fahrzeugtypen.

Unterhaltungskosten

Wer die Unterhaltungskosten für den WAS nach kaufmännischen Grundsätzen kalkuliert, d. h. mit Abschreibung von vielleicht jährlich 15% des Kaufpreises, ist an und für sich gut beraten, steht ihm doch dann nach rund 7 Jahren der Betrag zur Verfügung, der für den Kauf eines neuen Fahrzeugs benötigt wird. Aber wer macht das schon. In der Regel werden im monatlichen Familienbudget die laufenden Betriebskosten für den WAS eingeplant und auch verausgabt. Was dabei herauskommt, macht Tabelle 1-1 sichtbar.
Zusätzlich wissen muß man hierzu folgendes:
Die festen Kosten fallen an, auch wenn sich kein Rad dreht.
Die variablen Kosten (Betriebskosten) sind abhängig von den zurückgelegten Kilometern und den Verkehrsverhältnissen, unter denen das Fahrzeug betrieben wird. Tabelle 1-1 enthält deshalb auch Durchschnittswerte.
Die Gesamtkosten im Jahr, also feste Kosten plus variable Kosten, sind ausschlaggebend für die Kostenplanung. Teilt man die Jahressumme des betreffenden Fahrzeugtyps durch 12, so ergeben sich beispielsweise bei 10 000 Fahrkilometern im Jahr an monatlichen

Tabelle 1–1: Unterhaltungskosten der WAS-Typen

Gegenstand	Kostensatz/Typ				
	2101	2102	21011/2105	2103	2106
Feste Kosten (M/Jahr)					
Kfz-Steuer[1]	216,—	216,—	234,—	270,—	288,—
Haftpflichtversicherung[1]	153,—	153,—	170,—	170,—	170,—
Kasko-Versicherung[2]	300,—	300,—	330,—	330,—	360,—
Garagenmiete[3]	300,—	300,—	300,—	300,—	300,—
Summe im Jahr (M)	969,—	969,—	1 034,—	1 070,—	1 118,—
Variable Kosten (Pf/km)					
Kraftstoff[4]	16	16	16	16	16
Öl[5]	1	1	1	1	1
Reifen[6]	4	4	4	4	4
Wartung/Pflege[7]	2	2	2	2	2
Werkstatt[8]	5	5	5	5	5
Summe je km (Pf)	28	28	28	28	28
Gesamtkosten im Jahr (M)[9]					
bei 5 000 km	2 369,—	2 369,—	2 434,—	2 470,—	2 518,—
bei 10 000 km	3 769,—	3 769,—	3 834,—	3 870,—	3 918,—

[1] DDR-Werte
[2] DDR-Werte mit 300,— M Selbstbeteiligung
[3] angenommen mit monatlich 25,— M
[4] angenommen bei einem Verbrauch von 10 l/100 km
[5] bei normalem Ölverbrauch
[6] Reifenneupreis × 5, verteilt auf 3 Jahre
[7] angenommen, einschl. Hohlraumkonservierung
[8] normale Reparaturen einschl. Durchsichten
[9] feste Kosten in Mark + variable Kosten in Pf/km

Betriebskosten rund 300,– Mark oder 30 Pfennig/Kilometer. Und diese nicht geringen Betriebskosten wollen beachtet sein, wenn es bei einem geplanten Fahrzeugkauf darum geht, welcher Fahrzeugtyp erworben werden soll. Zusätzlich interessant für die Kostenplanung sind die Instandhaltungs- oder Werkstattkosten, die beim WAS wie bei jedem anderen Fahrzeug mit zunehmender Laufleistung in immer höherem Maße auftreten. In Tabelle 1-1 sind sie für die ersten beiden Nutzungsjahre mit kalkuliert, im weiteren Text dieses Abschnittes mit den notwendigen Preisangaben näher erläutert.

Fahrzeughandhabung

Betriebsanleitungen für Kraftfahrzeuge informieren in der Regel recht wenig über die zweckmäßigste Handhabung des Fahrzeugs im Stadt- und Fernverkehr. Man muß sich dieses Wissen regelrecht „erfahren". Im Falle unseres WAS ist das notwendig, um die Kraft seines leistungsstarken Motors bei allen Verkehrssituationen stets richtig dosiert und mit der notwendigen Sicherheit für sich selbst und die anderen Verkehrsteilnehmer einzusetzen. Dabei soll hier nicht das verkehrsrechtliche Wissen nach StVO und StVZO, das ja jeder Kraftfahrer beherrschen muß, zur Debatte stehen, sondern vielmehr das fahrzeugtypbezogene Wissen hinsichtlich der Meisterung der einzelnen Verkehrssituationen bzw. Fahrzustände einschließlich der Besonderheiten im Winterbetrieb, beim Überholen usw.

Spezifisches vom Motor

Die Motoren aller WAS-Typen (Bild 2-1) vereint eine Grundkonzeption: Vierzylinder-Viertakt-Ottomotor mit obenliegender Nokkenwelle und hängenden Ventilen, wobei die Ventile über Schwinghebel von der Nockenwelle gesteuert werden. Die Nockenwelle wiederum wird von der Kurbelwelle aus über eine Steuerkette (s. Bild 3-17) angetrieben. Diese Steuerkette läßt sich nachspannen. Eine Führungsschiene verhindert das Entstehen von Schwingungen an der Kette.
Die WAS-Motoren sind je nach Fahrzeugtyp leistungsmäßig unterschiedlich ausgelegt. Anlage 1 gibt hierüber einen Überblick.

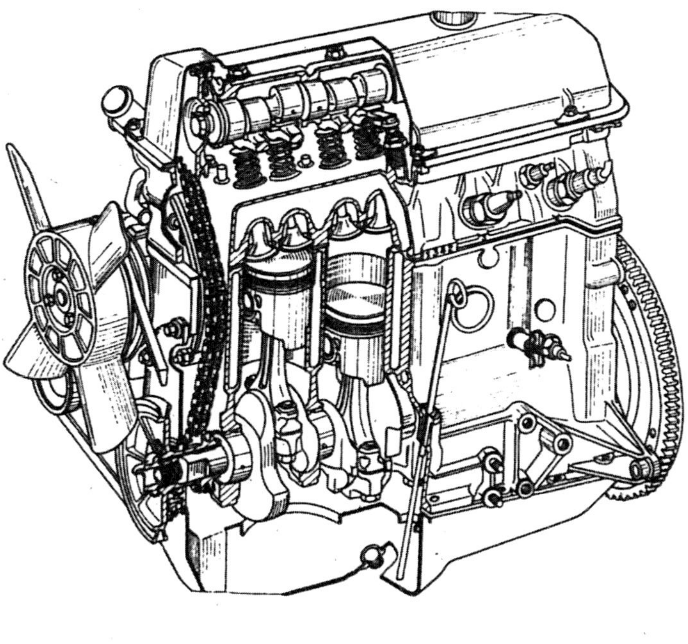

WAS-Motor im Schnitt,
beim 2105 mit Zahnriemen

Drehmoment und Leistung

Das Drehmoment (s. Bild 2-2) ist konstruktiv in den Motor hineingelegt. Es stellt die Kraft dar, die das Fahrzeug in Bewegung bringt und ist das Produkt aus Kraft mal Hebelarm. Die Maßeinheit für das Drehmoment, bisher mit Kilopondmeter (kpm) bezeichnet, ist das Nm[1]. Wir können das Drehmoment nicht verändern, es aber mit Hilfe des Getriebes, indem wir den entsprechenden Gang schalten, vorteilhaft nutzen.

Das Drehmoment entsteht an der Kurbelwelle und wird mit zunehmender Motordrehzahl größer, bis es bei den in Anlage 1 für die einzelnen Fahrzeugtypen genannten Motordrehzahlen den Maximalwert erreicht, um danach auch bei Drehzahlerhöhung wieder abzufallen. Die Ursache hierfür ist die in den hohen Drehzahlbereichen nicht mehr mögliche vollständige Füllung der Zylinder mit Kraftstoff-Luft-Gemisch, denn die hierfür zur Verfügung stehenden Ventilzeiten werden immer kürzer. Dennoch ergeben sich im praktischen Fahrbetrieb hieraus keine spürbaren Nachteile. Die Zunahme der Drehzahl des Motors überspielt die Abnahme des Drehmoments. Die Motorleistung kann deshalb auch bis zu den in Anlage 1 gleichfalls genannten und in Bild 2-2 sichtbar gemachten Werten weiter steigen.

1) Nm = Newton/Meter; 1 Nm = 0,102 kpm oder (abgerundet) 10 Nm = 1 kpm

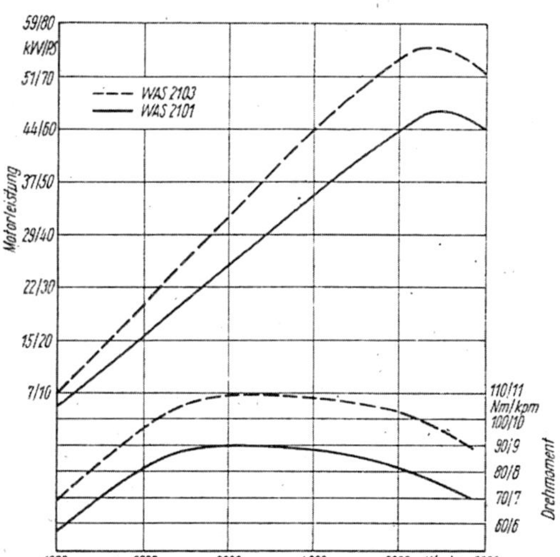

Bild 2-2 Drehmomenten- und Leistungsdiagramm der Motoren des WAS 2101 sowie 2103

Die Leistung des Verbrennungsmotors, einstmals in PS, heute allgemein in Kilowatt (kW)[2] angegeben, stellt die vollbrachte Arbeit in der Zeiteinheit dar. Sie läßt sich aus der Drehzahl und dem dazugehörigen Drehmoment errechnen, denn die Zeit ist in der Drehzahl mit enthalten. Die Formel für die Leistung in kW ist

$$\frac{\text{Drehmoment (Nm)} \cdot \text{Drehzahl (U/min)}}{99{,}3}$$

Diese Rechnung erklärt auch, warum in höheren Drehzahlbereichen die Leistung des Motors weiter steigt, obwohl das Drehmoment bereits wieder fällt.

Drehmomenten- und Leistungsverhalten von Kraftfahrzeugmotoren kann man in Diagrammen sichtbar machen. Ein solches Diagramm zeigt Bild 2-2 für die Motoren des WAS 2101 und 2103. Es sagt uns einmal, daß sowohl der kleinere als auch der größere Motor das Fahrzeug sehr gut beschleunigen (relativ steiles Ansteigen der Drehmomentkurven im unteren Drehzahlbereich). Zum anderen sagt es uns, daß beide Motoren über ein relativ breites Drehzahlband, und zwar von rund 2000 U/min bis rund 5000 U/min, ein hohes Drehmoment halten. Und da das Drehmoment die Kraft darstellt, die das Fahrzeug bewegt, heißt das mit anderen Worten, daß die WAS-Motoren sehr elastisch sind und somit schon bei relativ niedrigen Drehzahlen im großen Gang gefahren werden können. Das wird sichtbar daran, daß beide Motoren bereits bei rund 2000 U/min ein Drehmoment entfalten, das jeweils nur um rund 10 Prozent unterhalb des bei 3400 bzw. 3500 U/min liegenden maximalen Drehmoments liegt. Und das wiederum bedeutet für den praktischen Fahrbetrieb, daß überwiegend im großen Gang gefahren werden kann, daß nicht an jedem kleinen Hügel geschaltet werden muß und daß ein sanftes Beschleunigen auch im großen Gang aus relativ niedrigen Drehzahlen heraus möglich ist, ohne daß der Motor hierbei überfordert wird.

2) kW = Kilowatt; 1 kW = 1,36 PS oder 1 PS = 0,736 kW

Und noch eine Aussage des Diagramms ist beachtenswert. Es zeigt nämlich, daß die Motoren schon bei 2000 U/min rund 15 kW (20 PS) bzw. 18 kW (26 PS) abgeben. Für Fahrten auf ebener Strecke, besetzt mit zwei Personen, reichen diese 15 kW (20 PS) bzw. 18 kW (26 PS) in der Regel aus. Es wäre ganz einfach Geld zum Fenster hinausgeworfen, würde man hier mit vielleicht 4000 U/min fahren, wobei die Motoren rund 35 kW (46 PS) bzw. 44 kW (60 PS) leisten, die wir auf ebener Strecke aber gar nicht benötigen.
Diesen Rat sollten insbesondere diejenigen beherzigen, die vielleicht erst kürzlich von einem hochtourig zu fahrenden Zweitakter auf den WAS umgestiegen sind und nun meinen, den WAS fahrerisch genauso handhaben zu müssen wie den Trabant oder Wartburg.

Wirtschaftliche Fahrbereiche

Jeden WAS-Fahrer, der Kraftstoff und Reparaturen selbst bezahlen muß, aber auch jeden Berufskraftfahrer, der bestrebt ist, das ihm anvertraute Fahrzeug richtig zu behandeln, dürfte die Frage interessieren; Welches sind denn die wirtschaftlichsten Fahrbereiche in den einzelnen Gängen? Sehen wir uns das anhand der Bilder 2-2 und 2-3 an.
Auffällig an Bild 2-3 ist zunächst, daß sich die einzelnen Gangstrahlen mehr oder minder stark überschneiden. Das hat seinen Grund in der vom Motor für die Überwindung der jeweiligen Fahrwiderstände aufzubringenden Kraft und in der Geschwindigkeit, mit der diese Widerstände überwunden werden sollen; was ja bekanntlich mit kleinerem Gang, aber größerer Kraft (Bergauffahrten), oder größerem Gang und kleinerer Kraft (ebene Fahrbahn) möglich ist. Zum anderen läuft der WAS-Motor – die anderen Viertaktmotore tun das übrigens auch – am sparsamsten, wenn er in Drehzahlen betrieben wird, die um das maximale Drehmoment herum liegen, also in den einzelnen Gängen bei etwa 3000 U/min bis höchstens 4000 U/min. Diese Drehzahlen und damit auch die Kraftentfaltung des Motors bestimmen wir mit Hilfe des Gaspedals und der Gänge, indem wir den Gang schalten, den wir nach den jeweils zu überwindenden Fahrwiderständen für erforderlich halten.
In der Praxis heißt das, daß man den zweiten Gang – der erste Gang dient ja nur zum Anfahren – bis höchstens 30 km/h und den dritten Gang bis höchstens 45 km/h ausfährt, obwohl dieser Gang bis rund 90 km/h reicht, um dann schon auf den vierten Gang zu schalten, setzt dieser Gang doch bereits bei rund 50 km/h ausreichend kräftig ein. Das ermöglicht es uns dann auch, den vierten Gang beispielsweise im Stadtverkehr verstärkt zu benutzen, wo der Motor bei den heute überall üblichen Kolonnenfahrten im 50er Schnitt durchaus mit etwa 2000 U/min auskommt. Der Motor leistet hierbei nämlich bereits (s. Bild 2-2) rund 15 kW (20 PS) bzw. 18 kW (26 PS). Und diese 15 bzw. 18 kW (20

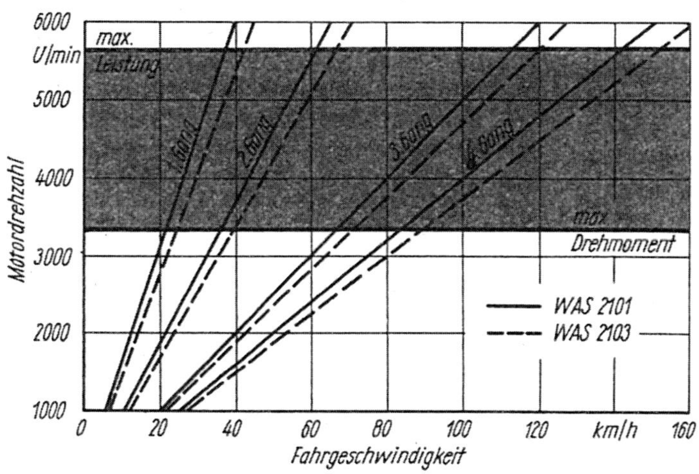

Bild 2-3
Gangdiagramm des WAS 2101 sowie 2103

bzw. 26 PS) genügen hier durchaus für den normalen Fahrbetrieb, zumal sich das Fahrzeug damit noch sanft (im 4. Gang) oder auch stärker (im 3. Gang) beschleunigen läßt.

Vergleichen wir diese Erkenntnisse mit der Aussage von Bild 2-2, so werden dieselben hier bestätigt. Dieses Bild zeigt nämlich, daß die WAS-2101- bzw. 2103-Motoren in dem erwähnten Drahzahlbereich von 3000 U/min bis 4000 U/min bereits Drehmomente erreichen, die den maximalen Drehmomenten von 90 bzw. 110 Nm (9 bzw. 11 kpm) sehr nahe kommen. Und das befähigt die Motoren dann auch, die Fahrzeuge selbst im vierten Gang aus dem üblichen Stadttempo heraus noch annehmbar zu beschleunigen.

Wessen Fahrzeug, wie der WAS 2103 oder 2106, mit einem Drehzahlmesser ausgestattet ist, kann die entsprechenden Werte hier ablesen, bei denen zweckmäßigerweise herauf- oder heruntergeschaltet wird. Wessen Fahrzeug über ein solches Instrument nicht verfügt, muß sich eben aus dem Gangdiagramm die betreffenden Schaltpunkte für die einzelnen Gänge einprägen. Dann wird auch er den Motor seines Fahrzeugs stets in den richtigen, weil hinsichtlich des Kraftstoffverbrauchs und Verschleißes sparsamen Drehzahlbereichen betreiben.

Zusammenfassend sei festgestellt, daß sich die Motoren aller WAS-Typen am wirtschaftlichsten wie folgt betreiben lassen:

zweiter Gang = 20 bis 35 km/h
dritter Gang = 35 bis 55 km/h
vierter Gang = 50 bis 90/95 km/h

Wer im Gegensatz dazu meint, sein Fahrzeug in den einzelnen Gängen stets im Bereich der maximalen Leistung des Motors (s. Bild 2-3) betreiben zu müssen, wird bald erfahren, daß das zusätzlich Kraftstoff kostet und den Verschleiß enorm erhöht. Ein Kraftstoffverbrauch von 12 Litern und mehr je 100 km sind bei solchen Fahrern dann auch keine Seltenheit.

Warmfahren oder Warmlaufenlassen?

Jede sinnvolle Handhabung des WAS trägt mit dazu bei, den auf die Dauer nicht zu verhindernden Verschleiß in Grenzen zu halten. Hierzu gehört der richtige Umgang mit dem Motor nach dem Kaltstart. Was sollte jeder WAS-Fahrer davon wissen?

Jeder Viertaktmotor arbeitet erst dann mit geringstem Verschleiß, wenn er seine Betriebstemperatur erreicht hat. Infolgedessen gilt es, ihn schnell auf Betriebstemperatur zu bringen. Doch das ist abhängig davon, wieviel Arbeit der Motor nach dem Starten leisten muß. Läßt man ihn beispielsweise mit erhöhter Leerlaufdrehzahl warmlaufen, was nach der 2. DB zum Landeskulturgesetz vom 11. 7. 1974 (GBl. I Nr. 37) selbst bei Temperaturen von unter 0°C nur bis höchstens 60 Sekunden gestattet ist, wird ihm gerade so viel Arbeit abverlangt, wie er braucht, um sich selbst zu bewegen. Eine nutzbare Arbeit leistet er noch nicht. Daran ändert auch das periodische Gasgeben, das Variieren der Drehzahlen, nur sehr wenig. Als Folge vergeht bis zum Erreichen der Betriebstemperatur, natürlich abhängig von der Außentemperatur, eine mehr oder weniger lange Zeit. In dieser Zeit fördern die Kondensate, die sich in der Kaltlaufperiode im Motor zwangsläufig verstärkt bilden, den Verschleiß. Man betrachtet das Warmlaufenlassen des Viertaktmotors deshalb als auch nachteilig. Ganz anders beim Warmfahren des Motors. Hier entstehen diese Nachteile in weit geringerem Umfang, vorausgesetzt, der Motor wird ordnungsgemäß betrieben.

Wer von seinem Motor eine lange Lebensdauer erwartet, praktiziert insbesondere in der kälteren Jahreszeit folgendes: Nach dem Kaltstart läßt man den Motor bei teilweise gezogenem Starterzug etwa eine halbe Minute laufen und fährt dann mit etwa mittlerer Motordrehzahl los. Hierbei wird zügig auf den zweiten Gang und vom zweiten Gang auf den dritten Gang geschaltet. Schon nach kurzer Fahrstrecke merkt man, daß der Motor leichter dreht. Das ist dann auch der Zeitpunkt, wo der Starterzug bereits vollständig hineingeschoben werden kann. Und da der Motor hierbei schon relativ viel Arbeit leisten muß, wird auch die Betriebstemperatur bald erreicht und somit die Kaltlaufperiode mit ihrem erhöhten Verschleiß schnell überwunden.

Eine sehr interessante Feststellung zu diesem Problem trifft Schnitzlein /1/. Hieraus geht eindeutig hervor, daß sowohl Wasser- als auch Öltemperatur beim Warmfahren schneller steigen als beim Warmlaufenlassen, und daß sich die Lebensdauer jedes Motors um

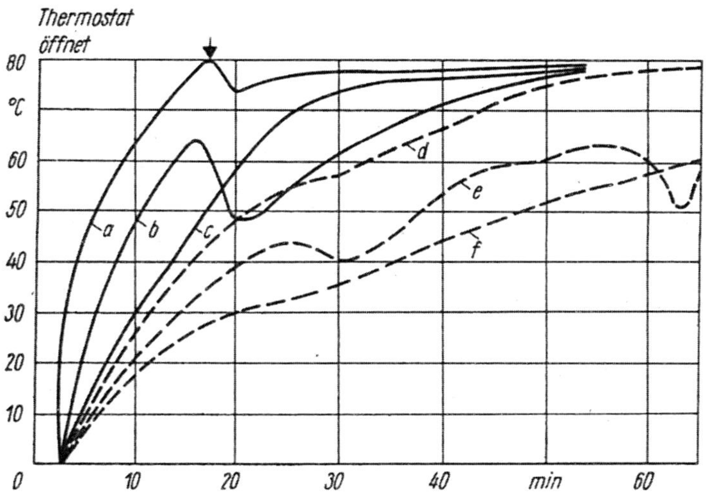

Bild 2-4
Zeitlicher Verlauf der Motorerwärmung beim Warmfahren bzw. Warmlaufenlassen;
a bis c Warmfahren sofort nach dem Starten
d bis f Warmlaufenlassen im Leerlauf
a und d Wassertemperatur am Motoraustritt
b und c Wassertemperatur am Motoreintritt
c und f Öltemperatur im Filter; nach /1/

etwa 40 Prozent erhöht, wenn es gelingt, die schädigenden Einflüsse des Kaltstarts auf ein Minimum zu beschränken. Daraus ergibt sich dann auch die in Bild 2-4 sichtbar gemachte Notwendigkeit, jeden Viertaktmotor unmittelbar nach dem Starten möglichst schnell auf Betriebstemperatur zu bringen. Und das ist mit der Methode der Leerlaufanwärmung nicht möglich. Während der hierbei zwangsläufig in die Länge gezogenen Anwärmzeit wird insbesondere der chemische Verschleiß, der sich dem mechanischen Verschleiß überlagert, wirksam. Sein Einfluß hört erst auf, wenn der Motor die vorgeschriebene Betriebstemperatur erreicht hat. Aus diesem Grunde sollte auch jeder WAS-Motor nach kurzer Leerlaufzeit (Stabilisierung des Schmiersystems) mit etwa halber Höchstdrehzahl warmgefahren werden. Die unteren kritischen Temperaturbereiche werden so schnell „durchfahren".

Spezifisches vom Fahrwerk

Selbsttragende Karosserie, Federn, Achsen, Räder und Reifen, Bremsanlage und Lenkung ergeben in ihrem Zusammenwirken das für den WAS so typische weil stabile und zuverlässige Fahrwerk. Die Fachpresse ist davon des Lobes voll, und auch alle WAS-Fahrer wissen es zu schätzen. Was ist das besondere daran? Im Fahrverhalten wird es sichtbar.

Fahrverhalten

Das Fahrverhalten jedes Kraftfahrzeugs wird im wesentlichen von der Führung der Räder und damit der Achsen bestimmt. Je weniger dieselben ihre Lage im oftmals recht rauhen Fahrbetrieb gegenüber dem Aufbau verändern können, um so stabiler liegt das Fahrzeug auf der Straße.

Bei allen WAS-Typen ist es gelungen, diese konstruktive Erkenntnis vorteilhaft in die Tat umzusetzen. So werden beispielsweise die Vorderräder oben und unten an Dreieckquerlenkern geführt. Die unteren Lenker sind über einen Torsionsstabilisator miteinander verbunden. Das unterdrückt die Kurvenneigung des Aufbaus. Schraubenfedern stützen die unteren Lenker gegenüber der Karosserie ab. Noch exakter geführt ist die angetriebene, mit Schraubenfedern ausgestattete starre Hinterachse. Schräg angeordnete Teleskopstoßdämpfer unterdrücken hier die Schwingungen. Die Achsführung übernehmen fünf an der Karosserie angelenkte Streben. Zwei davon nehmen die Längskräfte, eine (Panhardstab) die Querkräfte und die beiden letzten die beim Beschleunigen und Bremsen an der Achse auftretenden Kräfte auf.

Das Zusammenspiel aller dieser Teile ergibt dann auch eine Hinterachsführung, die es der Achse selbst bei extremer Inanspruchnahme nicht gestattet, ihre Lage gegenüber dem Aufbau zu verändern, und damit insgesamt eine viel bessere Spurhaltung als bei anderen Fahrzeugen, deren Hinterachsen nur von Blattfedern geführt werden. Der Deutsche Straßenverkehr /2/, der beispielsweise alle WAS-Typen eingehend testete, schrieb in diesem Zusammenhang dann auch schon vor Jahren, woran sich bis heute nichts geändert hat:

„Diese konstruktiv sehr aufwendige Achsführung brachte dem WAS... eine Spurhaltung, die über dem Durchschnitt liegt. Autobahnlängsfugen, auf die mit Warntafeln ausdrücklich aufmerksam gemacht wird, Längskanten an Straßenbahnschienen sowie stark gesenkte Schienen mit abgekippten Pflasterkanten beeinflussen den Wagen überhaupt nicht. Sie machen sich weder in der Spurhaltung noch in der Lenkung bemerkbar. Auf welligem Kopfsteinpflaster neigt dagegen die Hinterachse aufgrund ihrer großen ungefederten Massen zum Trampeln. Aber das seitliche Wegsetzen, das Tänzeln des Hecks nach links und rechts, das bei Wagen mit blattgefederter Starrachse unter solchen Bedingungen zur Reduzierung der Geschwindigkeit zwingt, tritt bei der Ausführung des WAS nicht auf. Seine Spurhaltung kommt der einer hinteren Einzelradführung sehr nahe. Selbst auf Kopfsteinpflasterkanten neben unbefestigten Sommerwegen läuft er wie auf Schienen. Mit blattgefederter Starrachse ohne zusätzliche Führung rutscht man unter gleichen Bedingungen unweigerlich ab und hat danach mitunter Mühe, das Schleudern auszugleichen. Auch das Rutschverhalten in Kurven wird von der exakten Hinterachsführung positiv beeinflußt. Der WAS reagiert zwar weitgehend neutral beim Lenken, auf nassem, glattgefahrenem Kopfsteinpflaster rutscht er jedoch leicht. Dieses Rutschen setzt aber allmählich und gleichmäßig ein und kann durch Lenkkorrekturen und Gaswegnehmen gut kompensiert werden. Den charakteristischen kleinen Schlenker, der bei blattgefederter Hinterachse mit Beginn des Rutschens meist auftritt und der bei Fehlreaktionen oft zum folgenschweren Schleudern führt, vermeidet die Hinterachse des WAS. Seine Federn können nicht durch die Fliehkraft vorgespannt werden und nach Überschreiten der Haftgrenze plötzlich nachgeben."

Wirksame Zweikreis-Bremsanlagen – vorn Festsattelscheibenbremsen, hinten Simplex-Trommelbackenbremsen – runden die nach den heutigen sicherheitstechnischen Erkenntnissen konzipierten Fahrwerke der WAS-Typen ab.

Mehr zum Fahrverhalten des WAS im Abschnitt „Winterbetrieb". Hier erleben Fahrer und Fahrzeug ihre Bewährungsprobe, und es zeigt sich, wie sich insbesondere der Fahrer auf die damit zusammenhängenden Schwierigkeiten vorbereitet hat.

Stadtfahrten

Jedes Fahren in Städten erfordert vom Fahrer neben sehr viel Aufmerksamkeit die exakte Beherrschung des Fahrzeugs. Dazu gehört, daß stets der Gang eingelegt ist, der es einem gestattet, in den meist anzutreffenden Fahrzeugkolonnen zügig mitzufahren. Welcher Gang das ist, hängt mit davon ab, mit welcher Geschwindigkeit die Kolonne fährt. Rollt der Verkehr in einer sogenannten Grünen Welle beispielsweise mit 50 bis 60 km/h, sollte das unbedingt der vierte Gang sein. Im Abschnitt „Wirtschaftliche Fahrbereiche" ist dazu bereits ausgeführt worden, daß sich das Fahrzeug in diesem Gang und bei dieser Geschwindigkeit noch annehmbar beschleunigen läßt. Verlangsamt sich das Tempo der Kolonne und erreicht der Motor im vierten Gang die für diese Geschwindigkeit notwendige Drehzahl nicht mehr, wird auf den dritten Gang geschaltet, der nach Bild 2–3 im wirtschaftlichen Fahrbereich beispielsweise von 35 bis 55 km/h (für den WAS 2101) und von 35 bis 60 km/h (für den WAS 2103) reicht. Ein Fahren im dritten Gang wäre bei einer Geschwindigkeit von 50 bis 60 km/h natürlich auch möglich. Der Motor würde hierbei nach Bild 2–3 jedoch über 3000 U/min machen und dabei rund 25 kW (35 PS) beim WAS 2101 sowie rund 37 kW (50 PS) beim WAS 2103 erzeugen, die wir für die angenommene normale Fortbewegung des Fahrzeugs auf ebener Strecke aber gar nicht benötigen.

Transferieren wir diese Leistung auf das Bild 2–3, so ergibt sich, daß der Motor bei dieser Fahrweise fast an der Grenze der Wirtschaftlichkeit arbeitet, wir also ungewollt einen unnötig hohen Kraftstoffverbrauch in Kauf nehmen.

Ansonsten ist immer diszipliniert zu fahren. Hierzu gehört nach §§ 11 bzw. 15 StVO u.a.,

- daß auf Straßen, die durch Fahrbahnmarkierungen in mehrere Fahrspuren eingeteilt sind, innerhalb einer Fahrspur gefahren wird;
- daß das Überwechseln in eine andere Fahrspur unter Rücksichtnahme auf den übrigen, insbesondere den nachfolgenden Verkehr, erfolgt, wobei die Fahrtrichtungsänderung rechtzeitig anzuzeigen ist;
- daß nicht in den Sicherheitsabstand zwischen zwei hintereinander fahrenden Fahrzeugen hineingewechsel wird;
- daß bei „Grün" an einer Ampel der erste Gang nicht erst mühevoll gesucht, nicht auf der mittleren bzw. linken Fahrspur durch die Stadt gebummelt sowie auf sich abzeichnende unnormale Verkehrssituationen ohne scharfes Bremsen – Gefahr für den Hintermann – (Auffahrunfall) rechtzeitig reagiert wird.

Ferner gilt, was im Abschnitt „Fahrverhalten" festgestellt worden ist: Rutschgefahr auf nassem Kopfsteinpflaster, wofür auch die Sprengwagen der Stadtreinigung sowie beginnender Nieselregen sorgen.

Fernfahrten

Fernfahrten sollten stets gut vorbereitet angetreten werden. Das gilt für Fahrer und Fahrzeug.

Auf Autobahnen oder Fernverkehrsstraßen – wir können ja hier, wenn es die Umstände erlauben, nach § 12 StVO 100 bzw. 80 km/h fahren –, rollt der Verkehr auf Landstraßen meist mit 80 km/h, also in einem Bereich, der nach Bild 2–3 für unseren WAS im vierten Gang gerade an der Grenze der wirtschaftlichen Fahrzeugnutzung hinsichtlich Kraftstoffverbrauch und Verschleiß liegt. Wir halten diesen Bereich – der Motor macht hierbei etwa 3500 U/min und gibt das höchste Drehmoment ab – möglichst ein. Tun wir das nicht und fahren wir schneller, z.B. auf der Autobahn, tritt die im Vergaser angeordnete Vollastanreicherung in Tätigkeit, und der Kraftstoffverbrauch erhöht sich enorm.

Bei Fernfahrten will aber noch mehr beachtet sein. Unter anderem sind das die unversehens auftretenden unterschiedlichen Verkehrsbedingungen wie Belagwechsel der Fahrbahn (Rutschgefahr!), Nässe oder Reifglätte auf Brücken in Waldlagen bei ansonsten trockener Fahrbahn (Schleudergefahr!), überbreite landwirtschaftliche Fahrzeuge u.a.m. Gut beraten ist deshalb, wer sich von anderen Fahrzeugen nicht „jagen" läßt und somit auf alle diese Erscheinungen vorausschauend reagieren kann. Hinzu kommt, daß einem ein möglichst gleichmäßiges Fahren viel sicherer ans Ziel bringt als ein betont scharfes Fahren mit den hierbei unvermeidlichen ständigen Brems-, Beschleunigungs- und oftmals nicht ungefährlichen Überholmanövern.

Gelegentliche Fahrpausen mit Fußevertreten fördern bei Fernfahrten das persönliche Wohlbefinden. Insbesondere mitfahrende Kinder sind dafür dankbar, können sie doch hierbei ihrem im Fahrzeug stark eingeengten Bewegungsdrang endlich wieder einmal freien Lauf lassen. Und daß sich diese Fahrpausen ausgezeichnet für die Kontrolle des Fahrzeuges verwenden lassen, sei hier nur der Vollständigkeit halber betont, hat doch hierbei schon mancher Fahrer kleine Mängel entdeckt, abgestellt und somit Schlimmeres verhindert. Genannt seien nur die Kontrolle der Räder auf Festsitz, der Felgen auf schleifende Bremsbacken (übermäßige Erwärmung), der Scheinwerfer und Schlußleuchten auf Intaktheit und Sauberkeit.

Im Prinzip sollte jeder Fahrer während der Fahrt ständig die Ohren gespitzt halten und auf nicht fahrzeugtypische Geräusche achten. Sie kündigen in der Regel sich anbahnende Pannen an. Werden die ersten Anzeichen hierfür rechtzeitig entdeckt, ist das Beseitigen der Fehler meist relativ einfach möglich. Läßt man dagegen Geräusche dieser Art unbeachtet und glaubt noch das Ziel zu erreichen, ohne sich die Finger schmutzig gemacht zu haben, kann man unterwegs liegenbleiben und muß dann in fremden Orten mühevoll Hilfe suchen, die gewöhnlich nicht leicht zu bekommen ist. Deshalb ist es schon besser vorzubeugen, als nachher den mit der vielleicht größeren Reparatur verbundenen Zeitverlust zu bedauern.

Überholen

Schon die Fahrschulen legen größten Wert darauf, das Überholen mit allen Fakten ausführlich zu erläutern und zu üben und so dem angehenden Kraftfahrer die Verantwortung nahezubringen, die es beim Ausführen von Überholvorgängen stets zu beherzigen gilt. Hier sei diese Verantwortung gleichfalls betont, denn menschliches Fehlverhalten beim Überholen hat in der Regel die schwersten Folgen. Die Unfallstatistiken der Verkehrspolizei bestätigen das immer wieder. Insbesondere dem Neuling hinter dem Lenkrad wird darum auch empfohlen, sich § 17 StVO noch einmal genau anzusehen.
Die Länge des Überholweges ist abhängig von der Geschwindigkeit des zu überholenden und des überholenden Fahrzeuges. Je kleiner die Geschwindigkeitsdifferenz ist, um so länger ist der Überholweg! In Tabelle 2-1 ist das nachgewiesen. Zusätzlich sei folgendes betont: Der Überholvorgang zwischen zwei in

Tabelle 2–1: Überholwege in Abhängigkeit von der Geschwindigkeit

Fahrzeug (Pkw – 5 m) überholt mit ... km/h	Zu überholendes Fahrzeug (Lkw mit Anhänger – 12 m) fährt mit ... km/h						
	20	30	40	50	60	70	80
30	186						
40	124	248					
50	103	155	310				
60	93	124	186	372			
70	86	108	144	217	434		
80	82	97	124	165	248	496	
90	79	98	111	139	186	279	558
100	77	88	103	124	155	206	310

gleicher Richtung fahrenden Fahrzeugen läuft auf den Land- und Stadtstraßen niemals isoliert vom übrigen Verkehrsgeschehen, insbesondere vom Gegenverkehr, ab. Daraus leitet sich die Forderung ab, daß ein sicheres Überholen nur gewährleistet ist, wenn die Sichtweite für den überholenden Fahrer mindestens das Doppelte des erforderlichen Überholweges beträgt. Das erlangt insbesondere Bedeutung bei voll ausgelastetem Fahrzeug (Urlaubsfahrt!), wo das Fahrzeug bei allen Manövern, vor allem beim Beschleunigen und Bremsen, weit schwerfälliger reagiert, als vielleicht aus der täglichen Fahrpraxis gewohnt.
Beim Überholen kommt es auf Schnelligkeit an, denn Schnelligkeit verkürzt den Überholweg und mindert somit die Gefahr. Der Überholgang auf der Landstraße ist darum in der Regel der dritte Gang. Mit diesem Gang kann man das Fahrzeug in jeder Verkehrssituation schnell beschleunigen und so einen möglichst kurzen Überholweg erzielen.
In der Praxis fährt man oft hinter einem langsamen Fahrzeug, vielleicht einem Lkw mit Anhänger, mit rund 60 km/h im vierten Gang hinterher und wartet auf eine Gelegenheit zum Überholen. Ist sie gekommen, würde unser WAS aus den 60 km/h heraus im vierten Gang nur relativ langsam beschleunigen, und Überholvorgang und -weg würden sich sehr in die Länge ziehen. Darum schalten wir vor dem Ansetzen zum Überholen auf den dritten Gang, beschleunigen den Wagen auf mindestens 80 km/h und führen den Überholvorgang aus. Nach Tabelle 2–1 benötigen wir bei 80 km/h aber auch noch einen Überholweg von rund 250 Metern. Der Überholweg verkürzt sich jedoch, wenn wir statt mit 80 km/h mit 90 oder 100 km/h (nur auf Autobahnen erlaubt) überholen. Bei 90 km/h betrüge er zwar auch noch rund 190 Meter, bei 100 km/h aber nur noch rund 160 Meter. Wir sehen also, wie problematisch das Überholen ist!
Und noch eine Erfahrung sei vermittelt: Man schaltet nicht erst auf den dritten Gang, wenn man sich bereits neben dem zu überholenden Fahrzeug befindet und merkt, daß man nicht schnell genug vorbeikommt. Die wertvollen Sekunden, die dadurch verlorengehen, vergrößern die Gefahr, denn der Gegenverkehr nähert sich auf Landstraßen bei 80 km/h mit rund 22 Metern pro Sekunde. Und die sich daraus ergebenden Strecken – bei nur zwei Sekunden Zeit und damit Wegeverlust infolge des verspäteten Herunterschaltens sind das immerhin 44 Meter – gehen vom kalkulierten Überholweg ab.
Beurteilen Sie nun selbst, was vernünftiger ist: Überholen um jeden Preis oder überlegtes Überholen unter Ausschaltung aller Sicherheitsrisiken!

Bremsen

Alle WAS-Typen besitzen wirkungsvolle Bremsen. Dennoch gilt auch für ihre Fahrer die Erkenntnis: Je höher die Fahrgeschwindigkeit und je schlechter die Griffigkeit der Fahrbahn (Haftreibung), um so länger der Bremsweg! Daran ändern auch Bremsdruckregler bzw. Bremskraftverstärker beim WAS 2103 und 2106 nur wenig.

In der täglichen Fahrpraxis ist die Gefahrenbremsung das Kriterium. Wichtig zu wissen ist aus diesem Grunde, daß rutschende Räder, also überbremste Räder, einen längeren Bremsweg für das Fahrzeug ergeben als solche Räder, die sich gerade noch an der Rutschgrenze drehen. Und da es im Gefahrenmoment schwierig ist, die Bremkraft so zu dosieren, daß der höchste Bremseffekt erzielt wird, empfiehlt sich in einem solchen Falle das sogenannte Intervallbremsen. Hierbei betätigt man das Bremspedal jeweils mehrere Male kurz hintereinander mehr oder minder stark und tastet sich auf diese Weise an die Rutschgrenze der Räder heran. Das hierfür notwendige Bremsgefühl sowie die Reaktion des Fahrzeugs auf diese Bremstechnik lernt man kennen, wenn auf einem verkehrsfreien Streckenabschnitt entsprechende Bremsversuche aus immer höherer Geschwindigkeit heraus gemacht werden. Das schadet der Bremsanlage nicht, bringt andererseits aber die Gewißheit für ihr einwandfreies Funktionieren mit sich und verbessert gleichzeitig die Erfahrung im Umgang mit der Bremse.

Auf trockenen Fahrbahnen – ordentliche Reifenprofile vorausgesetzt – ist die Bremsverzögerung naturgemäß am größten. Auf nassen und schmierigen Fahrbahnen verringert sie sich erheblich, um auf vereisten Fahrbahnen fast gänzlich zu verschwinden. Und das heißt mit anderen Worten: Bevor man auf regennasser, schmieriger, verschneiter oder gar vereister Fahrbahn das Risiko einer Gefahrenbremsung auf sich nimmt, richtet man lieber die Fahrgeschwindigkeit entsprechend ein! Muß dennoch einmal scharf gebremst werden, bekommt man das Fahrzeug mit Sicherheit früher zum Stehen als bei entsprechend den Fahrbahnverhältnissen zu schneller Fahrweise. Bricht das Fahrzeug (je nach Haftreibung der Räder der Achse) hierbei vorn oder hinten leicht aus, hilft meist, die Bremse kurz zu lösen und durch geringe Lenkkorrekturen das Fahrzeug wieder in die ursprüngliche Spur zurückzuführen. Ein starkes Weiterbremsen vergrößert die Gefahr des Rutschens des Fahrzeugs ohne jede Bremswirkung in eine vom Fahrer nicht mehr zu bestimmende Richtung.

Wie lang die Bremswege unter Umständen werden können, geht aus Tabelle 2-2 hervor. Ihre Werte mögen zu stets aufmerksamem Fahren mit genügendem Abstand zum Vordermann sowie zur Einrichtung der Fahr-

Tabelle 2–2: Bremswege in Abhängigkeit von Fahrbahnzustand und Geschwindigkeit

Straßenzustand	Bremsverzögerung (m/s^2)	Geschwindigkeit vor dem Bremsen (km/h) 10	20	30	40	50	60	70	80	90	100
		Fahrstrecke während 1 Sekunde Reaktionszeit (m)									
		3	6	8	11	14	17	20	22	25	28
		Gesamtstrecke bis zum Stillstand (m)									
vereist	1	7	21	43	73	110	155	208	268	336	413
	2	5	14	26	42	62	86	114	145	181	220
schmierig	3	4	11	20	32	46	63	82	104	133	156
	4	4	10	17	26	38	52	67	84	103	124
naß	5	4	9	15	23	33	45	57	71	87	105
	6	3	8	14	22	30	40	50	63	77	92
trocken	7	3	8	13	20	28	37	46	57	70	83
	8	3	8	13	19	26	34	43	53	64	76

geschwindigkeit entsprechend dem jeweiligen Fahrbahnzustand anregen.
Im normal rollenden Stadt- bzw. Landstraßenverkehr kann man übrigens den Motor recht erfolgreich zum Abbremsen des Fahrzeugs benutzen, wenn es gilt, die Fahrgeschwindigkeit nur langsam zu vermindern. Von besonderem Vorteil ist diese Bremsmethode auf glatten Straßen. Die beiden Antriebsräder werden hierbei gleichmäßig abgebremst und völlig gleichmäßig erfolgt darum auch die Verzögerung des Fahrzeugs. Und das vermindert erheblich die Gefahr des seitlichen Ausbrechens infolge vielleicht falscher Dosierung der Bremskraft mit der Fußbremse.
Praktische Trainingsmöglichkeiten zum richtigen Umgang mit dem Fahrzeug – auch beim Bremsen – bieten übrigens ADMV, Verkehrssicherheitszentren und Verkehrssicherheitsaktivs. Man macht hiervon möglichst Gebrauch.

Anhängerbetrieb

Jeder Anhängerbetrieb, ganz gleich, ob mit Camping- oder Lastenanhänger, setzt die Ausrüstung des Fahrzeugs mit einer typgeprüften Anhängerzugvorrichtung einschließlich Beleuchtungsanschluß für den Anhänger und verlängerten Außenspiegeln (bei Campinganhängerbetrieb) voraus. Ferner ist nach ordnungsgemäßem Anbau der Zugvorrichtung das Fahrzeug für den Anhängerbetrieb durch das zuständige Volkspolizeikreisamt oder die für die Abnahme der Zugvorrichtung ermächtigten gesellschaftlichen Kräfte zuzulassen. Hierzu ist das Fahrzeug unter Vorlage des Nachweises über den Kauf der Zugvorrichtung (Rechnung) vorzuführen. Die Zulassung selbst wird im Zulassungsschein und im Kraftfahrzeugbrief eingetragen.
Über Anbau und elektrischen Anschluß der Anhängerzugvorrichtung unterrichtet der Abschnitt „Anhängerzugvorrichtung" im Kapitel „Nützliche Ergänzungen". Hier sollen uns infolgedessen nur die Bedingungen für den Anhängerbetrieb mit dem WAS sowie seine Fahreigenschaften bei Anhängerbetrieb interessieren.

Anhängemasse/Nutzmasse: Die WAS-Typen 2101 und 2102 sind für eine Anhängemasse von 500 kg bei ungebremstem Anhänger und von 600 kg bei gebremstem Anhänger zugelassen. Beim WAS 21011 betragen diese Werte 500 bzw. 800 kg und beim WAS 2103 sowie 2106 550 bzw. 800 kg. Das heißt mit anderen Worten, die Gesamtmasse (Eigenmasse plus Zuladung) des mitgeführten Camping- oder Lastenanhängers darf diese Werte nicht übersteigen. Außerdem muß der Anhänger stets mit mindestens 5 Prozent seiner Gesamtmasse, maximal 50 kg, auf der Zugvorrichtung des Fahrzeugs aufliegen. Aus der Eigenmasse des Anhängers und der zugelassenen Anhängemasse ergibt sich somit die mögliche Nutzmasse für den Anhänger.

Leistungsbedarf: In den Abschnitten „Drehmoment und Leistung" sowie „Wirtschaftliche Fahrbereiche" ist nachgewiesen, in welchen Drehzahlbereichen man den Motor des WAS zweckmäßigerweise bei Stadt- und Fernfahrten im Solobetrieb betreibt. Bei Anhängerbetrieb, insbesondere beim Mitführen eines Campinganhängers, ändern sich diese Werte, und zwar abhängig von der Gesamtmasse und der Aufbauart des mitgeführten Anhängers. Warum?
Nach Hunger/Schmidt /3/ benötigt der WAS 2101 beim Fahren in der Ebene bei Windstille und mitgeführtem mittleren Campinganhänger bei 80 km/h rund 33 kW (45 PS) Leistung (Bild 2-5). Diese Leistung bringt sein Motor nach Bild 2–2 bei etwas 3500 U/min, also bei etwas mehr als der mittleren Motordrehzahl, auf. Wir fahren ihn darum auch im vierten Gang, zumal bei dieser mittleren Motordrehzahl sogar noch einige Leistungsreserven für das Überwinden leichter Steigungen vorhanden sind. Sichtbar wird das daran, daß der Motor selbst bei 5000 U/min noch ein relativ hohes Drehmoment hält.
Ganz anders beim Fahren mit dem Campinganhänger in der Ebene bei Gegenwind von Stärke 7. Hierbei würden nach Bild 2-5 bei gleichfalls 80 km/h rund 70 kW (95 PS) Leistung benötigt. Für diese Leistung aber ist der Motor des WAS 2101 nicht ausgelegt. Also müssen wir, ausgehend vom maximalen Drehmoment, das bei 3400 U/min liegt, den

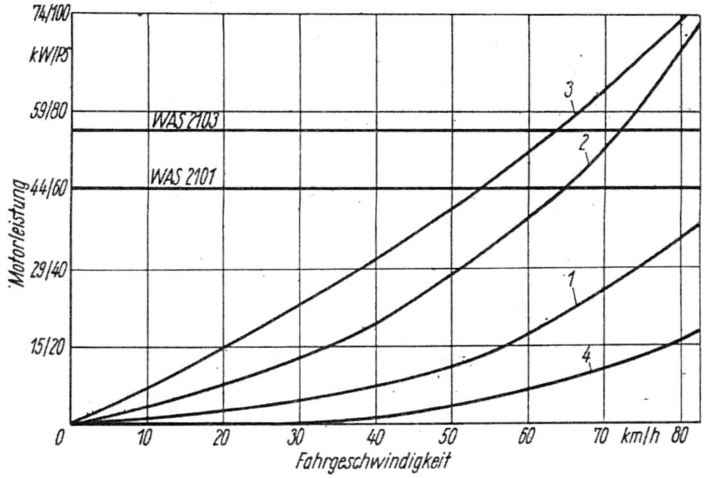

Bild 2-5
Erforderliche Motorleistung bei Anhängerbetrieb in Abhängigkeit von Anhängerart und Verkehrsbedingungen;
1 – Fahren mit Campinganhänger in der Ebene bei Windstille
2 – Fahren mit Campinganhänger in der Ebene bei Gegenwind mit Stärke 7
3 – Fahren mit Camping-, Wohnzelt- oder Lastenanhänger am Berg mit 12 % Steigung bei Windstille
4 – Fahrten mit Camping-, Wohnzelt- oder Lastenanhänger in der Ebene bei Windstille; nach /3/

Gang einlegen, in dem der Motor die erforderliche Leistung aufzubringen in der Lage ist. Und das ist nach Bild 2-3 der dritte Gang. Bei ihm werden die erforderlichen 33 kW (45 PS) Leistung schon bei etwa 3000 U/min aufgebracht und es kann eine Geschwindigkeit von etwa 50 km/h gehalten werden.
Lasten- und Wohnzeltanhänger (hier fehlt die große Angriffsfläche für den Fahrtwind) beeinflussen im Gegensatz dazu kaum die Fahrgeschwindigkeit. Sie laufen in der Ebene, ist die vorgesehene Geschwindigkeit erreicht, fast ohne einen zusätzlichen Leistungsbedarf hinter dem Zugfahrzeug her. Im Bild 2-5 ist auch das sichtbar gemacht, ebenso wie der Leistungsbedarf beim Fahren in den Bergen für alle Pkw-Anhängerarten.

Überholen/Bremsen: Die vorstehenden Ausführungen zum Leistungsbedarf finden ihre Parallele beim Überholen. Auch hierbei ist es inbesondere der große Luftwiderstand des

Tabelle 2–3: Notwendige Überholwege bei Anhängerbetrieb in m; nach [3]

Anhängerzug (10 m) überholt mit ... km/h	Zu überholendes Fahrzeug (Lkw mit Anhänger – 12 m) fährt mit ... km/h					
	20	30	40	50	60	70
30	314 (1 269)					
40	220 (750)	419 (1 372)				
50	193 (603)	278 (806)	525 (1 478)			
60	184 (551)	239 (649)	337 (864)	631 (1 583)		
70	181 (539)	225 (592)	284 (694)	396 (923)	737 (1 689)	
80	182 (545)	221 (579)	266 (633)	329 (740)	454 (982)	842 (1 795)

Tabelle 2–4: Bremswege bei Anhängerbetrieb in Abhängigkeit von Geschwindigkeit und Straßenzustand; nach [3]

Straßenzustand	Bremsverzögerung (m/s^2)	Anhänger	Geschwindigkeit vor dem Bremsen							
			10	20	30	40	50	60	70	80
			Fahrstrecke während 1 Sekunde (m)							
			3	7	8	11	14	17	20	22
			Gesamtstrecke bis zum Stillstand (m)							
vereist	0...1	ungebremst	11	37	78	135	207	295	398	516
		gebremst	7	21	43	75	110	155	208	268
schmierig	2...3	ungebremst	5	13	26	42	62	86	114	145
		gebremst	4	11	20	32	46	63	82	104
naß	3...4	ungebremst	4	11	20	32	46	63	82	104
		gebremst	4	10	17	26	38	52	67	84
trocken	4...5	ungebremst	4	10	17	26	38	52	67	84
		gebremst	4	9	15	23	33	45	57	71

Campinganhängers, der sich ab einer Fahrgeschwindigkeit von etwa 60 km/h stark hemmend bemerkbar macht. Infolgedessen werden die Überholwege übernormal lang. Wie lang sie werde können, geht aus Tabelle 2-3 hervor, wobei die Werte in Klammern die Überholweglängen bei Gegenverkehr angeben, der sich auf Landstraßen ja in der Regel mit 80 km/h nähert. Unsere Schlußfolgerung aus den hierin zu findenden Werten kann deshalb auch nur sein, mit dem Anhängerzug nur dann ein noch langsameres Fahrzeug zu überholen, wenn wirklich alle Voraussetzungen für ein sicheres Überholen gegeben sind. Bestätigt wird diese Ansicht übrigens beim Vergleich der in den Tabellen 2-1 und 2-3 enthaltenen notwendigen Überholweglängen in Abhängigkeit von der Geschwindigkeit des überholenden und des zu überholenden Fahrzeugs.

Für das Abbremsen gilt ähnliches wie für das Überholen. Auch die Bremswege sind wie die Überholwegstrecken bei Anhängerbetrieb erheblich länger als bei Solobetrieb des Fahrzeuges. Der Grund ist darin zu sehen, daß die Radbremsen die zusätzlich nach vorn strebende Masse des meist noch ungebremsten Anhängers mit verkraften müssen, und zwar die des Campinganhängers genau so wie die des Wohnzelt- oder Lastenanhängers. In Tabelle 2–4 sind die hierfür geltenden Fakten zusammengestellt. Vergleicht man die hier für den ungebremsten Anhänger aufgeführten Werte mit den Werten in Tabelle 2-2 für das Solofahrzeug, bestätigt sich wiederum: Anhängerbetrieb heißt vorausschauend zu fahren, um in Gefahrensituationen wirklich rechtzeitig und wirksam reagieren zu können! Als Bremsmethode empfiehlt sich das im Abschnitt „Bremsen“ schon erwähnte Intervallbremsen.

Achslasten: Die schon erwähnten maximal 50 kg, mit denen das Zugrohr des Anhängers auf der Anhängerkupplung des Zugfahrzeugs aufliegt, beeinflussen natürlich die zulässige Last für die Hinterachse, die beim WAS 2101 und 21011 mit 450 kg und beim WAS 2103 bzw 2106 mit 465 kg belastet werden darf. Beim Beladen des Zugfahrzeugs ist darauf Rücksicht zu nehmen. Die mitgeführten Gegenstände – von den Personen einmal abgesehen – dürfen deshalb nicht an beliebiger Stelle im Fahrzeug, beispielsweise nur im Kofferraum, untergebracht werden. Man verteilt sie möglichst so im Fahrzeug, daß sich ihre Last auf beide Achsen annähernd gleichmäßig verteilt. Das bringt neben einer höheren Fahrstabilität den großen Vorteil mit sich, daß die relativ weichen hinteren Schraubenfedern der in bestimmten Situationen möglichen Schleudergefahr des Anhängers entgegenwirken.

Abschleppen und Schleppen

Trotz ausgereifter Konstruktion des WAS kann es doch einmal vorkommen, daß sich ein Schaden unterwegs nicht beheben läßt und man sich bis zur nächsten Werkstatt oder auch nach Hause schleppen lassen muß. Die für den Abschleppvorgang geltenden Festlegungen enthält § 26 StVO. In Erinnerung gerufen seien hieraus diejenigen, die sich auf das Abschleppen mit Hilfe eines zugelassenen Seiles, wie bei Pkw üblich, beziehen.

- Der lichte Abstand zwischen dem ziehenden und dem gezogenen Fahrzeug muß mindestens 4 m betragen und darf 5 m nicht überschreiten, wobei das Abschleppseil in der Mitte durch eine rote Warnflagge kenntlich zu machen ist.
- Bei Ausfall der Beleuchtungseinrichtungen am geschleppten Fahrzeug muß bei Dunkelheit, schlechter Sicht oder Nebel mindestens eine ausreichende rote Leuchte links hinten am Fahrzeug angebracht sein.
- Lenkvorrichtung und Betriebsbremse (Fußbremse) des geschleppten Fahrzeugs müssen wirksam sein, andernfalls ist der Abschleppdienst zu benachrichtigen.
- Die zulässige Höchstgeschwindigkeit beträgt beim Abschleppen 50 km/h, auf Autobahnen 70 km/h.
- Vor Antritt der Fahrt haben beide Fahrzeugführer Zeichen (Licht- oder Hupensignale) für die gegenseitige Verständigung zu vereinbaren.

Wollen wir selbst ein Fahrzeug in Schlepp nehmen, so beachten wir dabei folgendes:

- Das abzuschleppende Fahrzeug sollte leichter, zumindest aber nicht schwerer als das eigene Fahrzeug sein.
- Das Abschleppseil wird an einer der Ösen befestigt, die sich an den hinteren Stoßstangenhaltern befinden. Aber Vorsicht, dieselben sind nicht sehr stabil, weil nur für den Notfall gedacht. Ratsam ist es deshalb, für die Befestigung des Seiles die in Fahrtrichtung links liegende Öse zu wählen. Durch die so entstehende schräge Seilführung werden zwangsläufig die beim Abschleppen immer entstehenden Stöße beim Anfahren und Schalten etwas gemildert.
- Beginnt schließlich der Abschleppvorgang, muß der Fahrer des Zugfahrzeugs schnell schalten. Das verhindert das Durchhängen des Seiles und somit das damit verbundene Rucken beim Straffen desselben.
- Der Fahrer des im Schlepp befindlichen Fahrzeuges achtet darauf, daß das Seil stets gespannt ist (ggf. leicht bremsen).

Bringt derjenige, der sich abschleppen lassen muß, das Abschleppseil bereits an – zweckmäßigerweise an der in Fahrtrichtung rechten Öse – und winkt er außerdem mit dem anderen Seilende, so sieht der hilfsbereite Fahrer bereits von weitem, worum es geht und kann sein Fahrzeug rechtzeitig anhalten.

Winterbetrieb

Echte Wintertage sind Problemtage, insbesondere für die WAS-Fahrer, die mit ihrem Fahrzeug täglich unterwegs sein müssen. Wie groß die winterliche Belastung für sie ist, hängt jedoch mit davon ab, wie sie ihr Fahrzeug auf die zu erwartenden Schwierigkeiten vorbereitet haben. Es gehören hierzu eine vollgeladene Batterie, eine exakte Zünd- sowie Ventileinstellung, richtig eingestellte Scheinwerfer, profilreiche Reifen, gleichmäßig ziehende Bremsen und die persönliche Bereitschaft zu stets vorsichtigem Fahren mit genügend großem Abstand zum Vordermann.

Kaltstart: Sind Batterie sowie Zünd- und Ventileinstellung in Ordnung, springt der Motor bei unseren winterlichen Temperaturen dank seiner Kaltstarteinrichtung auch nach kälteren Nächten recht gut an. Um ihm das Anspringen zu erleichtern, wird beim Starten die Kupplung getreten. Ansonsten wird der Motor behandelt, wie im Abschnitt „Warmfahren oder Warmlaufenlassen?" beschrieben.

Nasse Straßen: Auf Straßen dieser Art ist schon manch ein WAS-Fahrer mit seinem Fahrzeug ins Schlittern gekommen, sehen dieselben doch oftmals noch trocken aus, obwohl der beginnende Regen den Staub auf der Fahrbahn schon zu glitschigem Brei werden ließ, der die Haftreibung zwischen Reifen und Fahrbahn ganz erheblich beinträchtigt. Gut beraten ist in einem solchen Falle, was im übrigen auch für die glitschigen

Straßen im Herbst mit dem nassen Laub auf den Fahrbahnen und für die winterlichen gelaugten Straßen gilt, wer seine Fahrgeschwindigkeit entsprechend herabsetzt.

Schnee- und Eisglätte: Straßenzustände dieser Art verlangen eine überlegte und vorausschauende Fahrweise. Das beginnt bei der Wahl der Geschwindigkeit, setzt sich fort über die Wahl des entsprechenden Ganges und endet beim Vermeiden von ruckartigen Betätigungen des Gas- sowie Bremspedals und der Lenkung (Schleudergefahr!). Erinnert sei deshalb auch an die hier viel längeren Bremswege als auf den trockenen Fahrbahnen im Sommer und an die allenthalben drohende Schleudergefahr auf Glatteis, insbesondere aber auf Straßen mit den bekannten Spurrinnen.

In diesem Zusammenhang sei eines besonders erwähnt: Langsam fahren bedeutet auf eisglatten Straßen nicht unbedingt, im kleineren Gang zu fahren. Das an den Antriebsrädern zur Verfügung stehende Drehmoment ist in diesem Falle viel zu groß und dieselben drehen selbst bei der kleinsten Gaszugabe relativ schnell durch, was in der Regel, insbesondere bei Spurrinnen, ein Verlassen der Spur mit allen nachteiligen Folgen für einen selbst und die anderen Verkehrsteilnehmer mit sich bringt. Aus diesem Grunde fährt man auf glatten Straßen auch im zweiten Gang an und schaltet, selbst auf die Gefahr hin, daß der Motor vorübergehend untertourig betrieben wird, möglichst den dritten Gang ein. Das an den Antriebsrädern zur Verfügung stehende Drehmoment ist bei diesem Gang viel kleiner und das Fahrzeug liegt darum auch viel ruhiger auf der Straße.

Teilvereisungen: Mit teilvereisten Fahrbahnen, wie sie die Übergangszeit zwischen Herbst und Winter und Frühling mit sich bringt, ist insbesondere in Waldlagen und auf Brücken immer zu rechnen. Während beispielsweise die Frühjahrssonne das Eis auf den waldfreien Abschnitten der Straße bereits weitgehend abtaute, liegen auf den im Wald verlaufenden Streckenabschnitten meistens noch Eispartien. Wer hier unverhofft und meist ja auch nicht langsam auf das hier noch lauernde Glatteis gerät, kann nur das Lenkrad festhalten und darüber hinwegrollen. Das übliche Bremsen würde die Gefahr vergrößern. Wenn ein Bremsen in solch einer Situation überhaupt etwas nutzen kann, dann ist es nur das schon beschriebene Intervallbremsen. Damit erreicht man je nach Eislage u. U., daß das Fahrzeug wenigstens in der Spur bleibt und gleichzeitig die bei diesen Fahrbahnverhältnissen überhaupt mögliche Bremsverzögerung.

Winterurlaub: Vorstehendes gilt es insbesondere bei der Fahrt mit dem WAS in den Winterurlaub zu beachten. Unsere mitteleuropäischen Winter geben sich, was die Fahrbahnverhältnisse anbelangt, recht abwechslungsreich: Mal Nässe (Regen, Tauwetter, gelaugte Straßen), mal Neuschnee, mal Eis mit Spurrinnen in den Nacht- und Morgenstunden. Wer sich hierauf in der Fahrweise nicht einstellt, wird mit Sicherheit über kurz oder lang unangenehm überrascht. Rutschende Räder verlieren nämlich ihre Seitenführungskraft, und das Fahrzeug sucht sich, unbeeinflußbar durch Lenkung und Bremse, seinen oftmals verhängnisvollen Weg.

Schneeketten mitzuführen ist bei Urlaubsfahrten in die höher gelegenen Urlaubsorte der befreundeten Nachbarländer angebracht. Ihr Auflegen sollte man zu Hause trainiert haben. Im Schnee ist das nicht ganz einfach. Problematisch wird es insbesondere dann, wenn sich infolge der Wirkung des Ausgleichgetriebes (Differential) nur noch ein Antriebsrad dreht und man somit nicht auf die ausgelegten Schneeketten fahren kann. Behelfsschneeketten lassen sich am Lada nicht montieren, da der Abstand zwischen Bremstrommel und Felge zu gering ist. Deshalb muß man sich bei Diagonalreifen mit Stahlketten, bei Radialreifen mit Textilschneeketten ausrüsten.

Alle Reifen des Fahrzeugs, auch der Reifen des Ersatzrades, müssen eine genügende Profilhöhe aufweisen. Die noch vorhandene Rillentiefe läßt sich mit einem Zwei-Mark-Stück ausloten. Schließt der Außenring des Ährenkranzes des Staatswappens mit der Profiloberkante ab, sind noch etwa 4 mm Profilhöhe und damit eine genügende Griffigkeit der Reifen vorhanden. Andernfalls sollten die

Reifen rechtzeitig vor dem Winterurlaub gewechselt werden.
Der Reifeninnendruck wird entsprechend der Nutzmasse um 20 bis 30 kPa[3] (0,2 bis 0,3 kp/cm²) höher gewählt. Das ermöglicht es den Reifen, die beim Anfahren, Bremsen und Kurvenfahren auftretenden Kräfte besser auf die Fahrbahn zu übertragen. Außerdem spricht das Fahrzeug präziser auf die Lenkbewegungen an.

Bordausrüstung: Der Winterbetrieb erfordert das Erweitern der Bordausrüstung. Eine kleine Schaufel zum Freischaufeln, wenn man einmal unversehens in eine größere Schneewehe geraten ist, sowie zwei alte Decken zum Unterlegen, damit die Antriebsräder wieder greifen können, sollte man unbedingt mitführen. Außerdem wird der Flüssigkeit der Scheibenwaschanlage ein Frostschutzmittel beigemischt.

3) Pa = Pascal; 98 066,5 Pa = 1 kp/cm² oder 1 kp/cm² = 98,0665 kPa (Kilopascal); abgerundet 1 kp/cm² = 100 kPa

Technische Durchsicht

Technische Durchsichten zum richtigen Zeitpunkt beeinflussen in hohem Maße Zuverlässigkeit und Nutzungsdauer jedes Kraftfahrzeugs. Die während der Garantiezeit fälligen Durchsichten überlassen wir selbstverständlich der Vertragswerkstatt. Nach Ablauf dieser Zeit aber kann jeder Fahrzeughalter selber aktiv werden. Dazu gehört, daß das Fahrzeug nach jeweils 10000 km oder einmal im Jahr, wenn eine jährliche Laufleistung von 10000 km nicht erreicht wird, abwechselnd einer Kleinen Durchsicht und einer Großen Durchsicht unterzogen wird. Was hierunter zu verstehen ist, geht aus Tabelle 3-I hervor. Hier sind die jeweils notwendigen Arbeiten bei der Kleinen sowie bei der Großen Durchsicht aufgeführt und sind auch die entsprechenden Hinweise zu finden, in welchen Fachabschnitten die gegebenenfalls notwendigen Ratschläge für das Ausführen der einzelnen Arbeiten gegeben werden. Der Vorteil dieser Selbstdurchsichten: Man lernt das Fahrzeug gründlich kennen und ist damit bei den niemals auszuschließenden Unterwegspannen viel besser in der Lage, sich gegebenenfalls selber zu helfen. Wichtigste Voraussetzung für die Selbstdurchsichten und auch für die im nächsten Kapitel „Störungssuche und -beseitigung" beschriebenen Reparaturen: Gewissenhaftes Arbeiten und entsprechendes Werkzeug!

Notwendige Voraussetzungen

Verantwortung: Jede Selbstdurchsicht bzw. Selbstreparatur des Kraftfahrzeugs heißt zunächst einmal Verantwortung zu tragen; denn es kann und darf nicht sein, daß durch unqualifiziertes Herumbasteln am Fahrzeug eine Gefahr für einen selbst und die anderen Verkehrsteilnehmer heraufbeschworen wird. Jede Arbeit am Fahrzeug muß deshalb von hohem Verantwortungsbewußtsein getragen sein. Dieses Verantwortungsbewußtsein wird wirksam bei der Entscheidung darüber, welche Arbeit selbst ausgeführt werden soll. Dabei überprüft der einzelne die ihm zur Verfügung stehenden Möglichkeiten, sein technisches Verständnis und sein handwerkliches Können. Niemand darf sich dabei überschätzen, weil dann Verantwortungsbewußtsein zu Verantwortungslosigkeit wird. Hinzu kommt der finanzielle und materielle Schaden durch die falsche Behandlung des Fahrzeugs oder den unfachgerechten Einbau hochwertiger Ersatzteile.

Vorstehendes gilt ganz besonders bei Arbeiten an Lenkungs- und Bremsanlage. Eine diesbezügliche Anordnung über die Allgemeinen Leistungsbedingungen für Instandhaltungsleistungen an Kraftfahrzeugen des Ministers für Verkehrswesen vom 18. 1. 1979 (GBl. I Nr. 3) besagt darum auch in § 9 Abs. 6, daß Instandhaltungsleistungen an Lenkung und Bremse nur von Arbeitskräften ausgeführt werden dürfen, die die erforderliche Qualifikation hierfür besitzen; eben, weil von diesen beiden Baugruppen die Verkehrssicherheit des Fahrzeugs ganz wesentlich bestimmt wird. Wenn sich diese Anordnung auch in erster Linie auf die gewerbliche Reparatur von Kraftfahrzeugen bezieht, dürfen wir sie dennoch nicht außer acht lassen. Gut beraten ist deshalb, wer sich vor Beginn selbst der kleinsten Reparatur an Lenkungs- oder Bremsanlage – eingeschlossen darin die bei der Technischen Durchsicht erforderlichen Reinigungs- bzw. Nachstellarbeiten – der notwendigen fachlichen Unterstützung versichert.

Zur fachlichen Unterstützung bei jeder Selbstdurchsicht bzw. -reparatur des Fahrzeugs wird überhaupt geraten. Die gesellschaftlichen Kräfte, die die technische Überprüfung der Fahrzeuge durchführen, analysieren zumin-

Tabelle 3–1: Programm für Kleine und Große Durchsichten des Fahrzeugs

Auszuführende Arbeiten		Arbeitshinweise
Kleine Durchsicht	Große Durchsicht	s. Abschnitt
Arbeiten am Triebwerk		
Zündkerzen überprüfen, ggf. erneuern	Zündkerzen überprüfen, ggf. erneuern	Zündanlage warten
Luftfilter reinigen, Element ggf. erneuern	Luftfilter reinigen, Element ggf. erneuern	Luftfiltereinsätze erneuern
Flüssigkeitsstand in Kühl- u. Scheibenwaschanlage überprüfen, ggf. ergänzen	Flüssigkeitsstand in Kühl- u. Scheibenwaschanlage überprüfen, ggf. ergänzen	Kühl- und Heizanlage; Scheibenwaschanlage
Vergaser reinigen u. einstellen, einschl. Kontrolle des Schwimmerstandes	Vergaser reinigen u. einstellen, einschl. Kontrolle des Schwimmerstandes	Vergaser reinigen und einstellen
Kraftstoffpumpenfilter reinigen, Halteschrauben nachziehen	Kraftstoffpumpenfilter reinigen, Halteschrauben nachziehen	Kraftstoffpumpe reinigen
Verteilerwelle abschmieren	Verteilerwelle abschmieren	Zündanlage warten
Ventile einstellen	Ventile einstellen	Ventile einstellen
Zündung einstellen	Zündung einstellen	Zündanlage warten
Steuerkette nachspannen, ggf. erneuern	Steuerkette nachspannen, ggf. erneuern	Steuerkette spannen
Halteschrauben der Lichtmaschine, des Anlassers u. der Wasserpumpe nachziehen	Halteschrauben der Lichtmaschine, des Anlassers u. der Wasserpumpe nachziehen	Befestigungskontrollen Triebwerk
	Halteschrauben des Kühlers nachziehen	Kühl- und Heizanlage
Keilriemen nachspannen	Keilriemen nachspannen	Keilriemen spannen
	Halteschrauben des Ansaug- u. Auspuffkrümmers nachziehen	Befestigungskontrollen Triebwerk
	Halteschrauben des Zylinderkopfes nachziehen	Befestigungskontrollen Triebwerk
	Halteschrauben des Motors nachziehen	Befestigungskontrollen Triebwerk
Öl- u. Ölfilter wechseln	Öl- u. Ölfilter wechseln	Öl- u. Ölfilterwechsel Motor
	Halteschrauben der Ölwanne nachziehen	Öl- u. Ölfilterwechsel Motor
Auspuffanlage überprüfen, Halteschrauben nachziehen	Auspuffanlage überprüfen, Halteschrauben nachziehen	Befestigungskontrollen Triebwerk
Arbeiten an der Kraftübertragung		
Kupplungspedalspiel überprüfen, ggf. neu einstellen	Kupplungsspiel überprüfen, ggf. neu einstellen	Kupplungsspiel einstellen

noch Tabelle 3-1

Auszuführende Arbeiten		Arbeitshinweise
Kleine Durchsicht	Große Durchsicht	s. Abschnitt
Gelenkwellen abschmieren, Halteschrauben nachziehen	Gelenkwellen abschmieren, Halteschrauben nachziehen	Gelenkwellen abschmieren
Getriebeölstand überprüfen, ggf. ergänzen bzw. erneuern	Getriebeölstand überprüfen, ggf. ergänzen bzw. erneuern	Schaltgetriebeöl wechseln
Getriebe auf Dichtheit prüfen, Halteschrauben nachziehen	Getriebe auf Dichtheit prüfen, Halteschrauben nachziehen	Schaltgetriebeöl wechseln
	Hinterachsölstand überprüfen, ggf. Öl erneuern	Ausgleichsgetriebeöl wechseln
Arbeiten am Fahrwerk		
Vorderachsteile auf festen Sitz prüfen	Vorderachsteile auf festen Sitz prüfen	Befestigungskontrolle Vorderachse
Hinterachse auf festen Sitz prüfen	Hinterachse auf festen Sitz prüfen	
Lenkungsteile auf festen Sitz prüfen	Lenkungsteile auf festen Sitz prüfen	Befestigungskontrolle Vorderachse
Lenkungsspiel prüfen, ggf. neu einstellen	Lenkungsspiel prüfen, ggf. neu einstellen	Lenkungsspiel überprüfen und einstellen
Stoßdämpfer auf Funktion prüfen, Halteschrauben nachziehen	Stoßdämpfer auf Funktion prüfen, Halteschrauben nachziehen	Stoßdämpfer kontrollen
Flüssigkeitsstand in den Vorratsbehältern für Bremse u. Kupplung überprüfen, ggf. ergänzen	Flüssigkeitsstand in den Vorratsbehältern für Bremse u. Kupplung überprüfen, ggf. ergänzen	Bremsanlage warten
Bremsanlage auf Dichtheit prüfen	Bremsanlage auf Dichtheit prüfen	Bremsanlage warten
Bremssattel- u. Bremsträgerhalteschrauben nachziehen	Bremssattel- u. Bremsträgerhalteschrauben nachziehen	Bremsanlage warten
Bremsbeläge vorn überprüfen, ggf. erneuern	Bremsbeläge vorn überprüfen, ggf. erneuern	Bremsanlage warten
Radmuttern nachziehen	Radmuttern nachziehen	Räder und Reifen kontrollieren
Handbremse einstellen	Handbremse einstellen	Bremsanlage warten
	Radlager fetten und einstellen	Radlagerspiel überprüfen u. einstellen
Reifeninnendruck prüfen, ggf. ergänzen	Reifeninnendruck prüfen, ggf. ergänzen	Räder und Reifen kontrollieren
Reifen- u. Felgenzustand prüfen	Reifen- u. Felgenzustand prüfen	Räder und Reifen kontrollieren

noch Tabelle 3-1

Auszuführende Arbeiten		Arbeitshinweise
Kleine Durchsicht	Große Durchsicht	s. Abschnitt
Sturz u. Vorspur der Vorderräder überprüfen, Vorspur einstellen	Sturz u. Vorspur der Vorderräder überprüfen, Vorspur einstellen	Vorderradeinstellwinkel korrigieren
	Bremsanlage zerlegen, Bremselemente überprüfen, ggf. erneuern	Bremsanlage warten
Arbeiten an der elektrischen Anlage		
Batteriepflege	Batteriepflege	Batteriepflege
Lichtmaschine überprüfen	Lichtmaschine überprüfen	Lichtmaschine überprüfen
Elektrische Anlage durchschalten	Elektrische Anlage durchschalten	Elektrische Anlage durchschalten
Scheinwerfer einstellen	Scheinwerfer einstellen	Scheinwerfer einstellen
Arbeiten an der Karosserie		
Befestigungsschrauben von Karosserie, Schlössern, Türen, Motorhaube u. Klappen nachziehen, Scharniere ölen	Befestigungsschrauben von Karosserie, Schlössern, Türen, Motorhaube u. Klappen nachziehen, Scharniere ölen	Scharniere und Schlösser

dest die größeren Fehler, und in den Selbsthilfewerkstätten oder Verkehrssicherheitszentren kann man sie danach unter Anleitung eines Fachmannes sicher beheben. Das ist der eigenen Sicherheit und der Sicherheit der anderen Verkehrsteilnehmer dienlich.

Sicherheit: Bei Arbeiten, die unter dem Fahrzeug ausgeführt werden, darf man sich niemals auf den Wagenheber oder andere Hebevorrichtungen verlassen. Es ist immer notwendig, das Fahrzeug durch Unterstellböcke gegen ein Herabfallen bzw. durch Klötze gegen ein Wegrollen vorschriftsmäßig zu sichern. Erst dann darf die Arbeit an oder unter dem angehobenen Fahrzeug beginnen.
Zur Abwendung von Gefahren jeglicher Art informiert man sich vor Arbeitsbeginn über den Inhalt der einschlägigen Arbeitsschutzanordnungen, insbesondere der ABAO 361/3 – Straßenfahrzeuge sowie Instandhaltungsanlagen für Kraftfahrzeuge. Die hier gegebenen Weisungen gelten sinngemäß für Garagen. Zu beziehen ist die ABAO 361/3 in der Buchhandlung für amtliche Dokumente, 108 Berlin, Neustädtische Kirchstr. 15 (Selbstabholung), oder vom Zentralversand, 501 Erfurt, Postfach 696.

Verschleißerscheinungen: Zeigen sich bei den Selbstdurchsichten des Fahrzeugs Anzeichen für sich anbahnende größere Schäden (Materialrisse, zu große Spiele, Undichtheiten u. a. m.), ist es immer sinnvoll, die Vertragswerkstatt mit der Beseitigung dieser Schäden zu beauftragen. Das gilt auch, wenn sich nach längerer Laufzeit des Fahrzeugs bei bestimmten, für die Verkehrssicherheit des Fahrzeugs wichtigen Teilen oder Baugruppen ein durchaus normaler Verschleiß eingestellt hat. Dieser Verschleiß muß einmal in seiner Auswirkung auf das Fahrverhalten des Fahrzeugs beurteilt und zum anderen gegebenenfalls durch das Auswechseln dieser Teile oder Baugruppen behoben werden. Und das kann fachgerecht nur in der Vertragswerkstatt geschehen.

Werkzeuge und Prüfgeräte: Jede technische Durchsicht bzw. Reparatur am Fahrzeug läßt sich natürlich am besten mit den hierfür bestimmten Werkzeugen sowie Einstell- und Prüfgeräten ausführen. Nun besitzt der WAS zwar ein ganz anständiges Bordwerkzeug, dieses Bordwerkzeug ist aber dennoch ergänzungsbedürftig, wenn es uns um das ernsthafte Warten aller seiner Aggregate geht. Zweckmäßigerweise kauft man für die Selbstwartung des WAS sowie für die Ausführung kleinerer Reparaturen zu Hause oder auch unterwegs folgendes hinzu:

1 Nußkasten (SW 20-24 mm) 1 Satz Steckschlüssel (SW 10-27 mm) 1 Satz gekröpfte Ringschlüssel (SW 10-27 mm) 1 Prüflampe 1 Ventillehre 1 Hammer, etwa 400 g 1 Wasserpumpenzange	Zum Mitführen im Kofferraum

Ferner sollten für größere Arbeiten zu Hause vorhanden sein:

1 Werkbank mit Schraubstock
2 Unterstellböcke Holzklötze (zum Unterbauen oder Vorlegen)
1 Fettpresse
1 Areometer (Säureheber)
1 Batterie-Ladegerät
1 Teilewaschbehälter (mit Deckel)

Arbeiten am Triebwerk

Alle Arbeiten am Triebwerk – wir verstehen hierunter den kompletten Motor mit den Aggregaten, die vom Motorraum aus zugänglich sind – sind mit größter Gewissenhaftigkeit und auch Genauigkeit auszuführen, hängen davon doch Leistung und Lebensdauer des Motors in hohem Maße ab. Im einzelnen sind das folgende Arbeiten:

Öl- und Ölfilterwechsel Motor

Bild 3-1 gibt einen Überblick über das Schmiersystem (Druckumlaufschmierung) der WAS-Motoren. Wie hieraus ersichtlich, drückt die Ölpumpe, der ein Siebfilter (Grobfilter) vorgeschaltet ist, das aus der Ölwanne (Ölvorrat) angesaugte Öl durch das im Hauptstromkreis liegende Ölfilter (Feinfilter in Filterglocke) zu den einzelnen Schmierstellen, von wo es wieder in die Ölwanne zurückfließt. Die außen am Motorblock sitzende Filterglocke (Bild 3-2) ist in ihrer Gesamtheit als Wegwerffilter konstruiert. Man kann sie somit nicht reinigen, sondern muß sie bei jedem Ölwechsel erneuern.

Welches Öl? Moderne Motoren, wie die des WAS, benötigen ein Schmieröl mit gutem Viskositätsverhalten sowie Reinigungsvermögen und hoher Alterungsbeständigkeit verbunden mit maximaler Schmierfähigkeit. Das an den Tankstellen sowie im Fachhandel erhältliche Motorenöl Addinol MV 244 entspricht diesen Anforderungen. Es kann als Mehrbereichsöl ganzjährig verwendet werden. Bei Fahrten mit dem WAS in das sozialistische Ausland, wo das Addinol MV 244 u. U. nicht zu erhalten ist, führt man zweckmäßigerweise den notwendigen Ölvorrat zum Ergänzen des Ölstandes im Motor mit.

Ölwechsel: Als Ölwechselzyklen empfehlen sich 10 000 km oder einmal im Jahr, wenn eine Laufleistung von jährlich 10 000 km nicht erreicht wird.
Das Wechseln des Öls – der Motor muß selbstverständlich warmgefahren sein – geschieht in der Reihenfolge: Altes Öl ablassen, altes Filter abbauen, neues Filter anbauen,

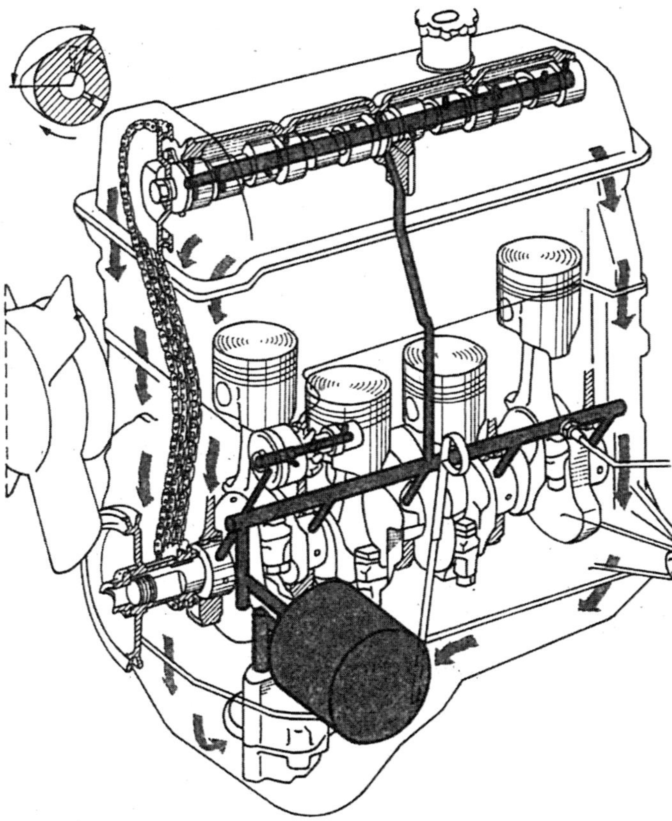

Bild 3-1
Schmiersystem der WAS-Motoren

Bild 3-2 Filterglocke, geschnitten; 1 – Zulauf des verschmutzten Öls, 2 – Filterpapier, 3 – Ablauf des gereinigten Öls, 4 – Kurzschlußventil

neues Öl auffüllen. Bewährt hat sich hierbei folgender Arbeitsablauf: Während das alte Öl in das unter die Ölwanne des Motors gestellte Aufnahmegefäß fließt, werden die Befestigungsschrauben der Ölwanne auf Festsitz kontrolliert und ggf. nachgezogen. Danach wird das alte Filter abgebaut und das neue Filter angebaut. Was hierbei zu beachten ist, ist im nächsten Abschnitt beschrieben. Ist das Filter gewechselt, wird die Ölablaßschraube wieder eingedreht (aber nicht zu fest, das Gewinde könnte herausreißen) und werden über den Öleinfüllstutzen am Zylinderkopfdeckel 3,75 Liter neues Motorenöl der Sorte Addinol MV 244 eingefüllt. Nach 2 bis 3 Minuten wird am Ölmeßstab kontrolliert, wo sich der Ölstand markiert. Geschieht das in der Mitte zwischen den Marken „min" und „max", ist derselbe in Ordnung. Wenn nicht, wird noch ein wenig Öl hinzugegeben, bis der richtige Ölstand erreicht ist.
Wer glaubt, mit einem Ölstand erheblich un-

Bild 3-3 Hilfsvorrichtung zum Lösen der Filterglocke, bestehend aus einem Hebel einer Wasserpumpenzange und 14 Gliedern einer Fahrradkette

terhalb der Marke „min" laufe der Motor auch, der muß zumindest eine höhere Öltemperatur, wenn nicht gar eine ungenügende Schmierung und damit einen erhöhten Verschleiß im Motor in Kauf nehmen. Umgekehrt, d. h. bei einem Ölstand erheblich oberhalb der Marke „max", besteht die Gefahr, daß das überschüssige Öl an den Dichtungen herausgedrückt wird, was naturgemäß den Motorraum stark verschmutzt.

Ölfilterwechsel: Das Abschrauben der Filterglocke ist oftmals schwierig, denn sie sitzt gewöhnlich recht fest. Die Werkstätten verwenden hierzu eine Hilfsvorrichtung ähnlich der in Bild 3-3 gezeigten. Eine solche Hilfsvorrichtung sollte sich bauen, wer den Ölwechsel regelmäßig selbst vornimmt.
Ist die alte Filterglocke mit Hilfe der Hilfsvorrichtung, wie im Bild 3-4 gezeigt, abgeschraubt, wird der Befestigungsflansch am Motorblock gereinigt und die neue Filterglocke (Bild 3-5) hier wieder befestigt. Dazu wird der neue Gummidichtring mit etwas Öl bestrichen und die Filterglocke nur mit der Kraft der Hände – und nicht etwa mit der schon erwähnten Hilfsvorrichtung – an den Motorblock angeschraubt. Geachtet wird hierbei auf den einwandfreien Sitz des Dichtungsgummis.
Sind schließlich Motorenöl und Ölfilter erneuert, wird bei einer Probefahrt die Dichtheit des Ölfilters geprüft und die Filterglocke im

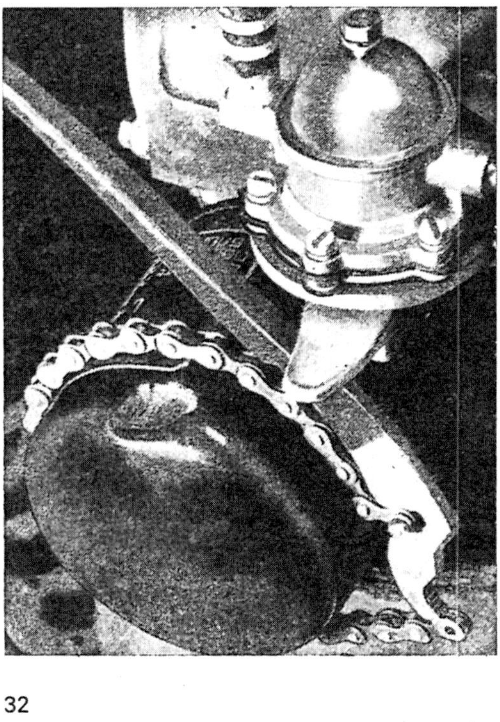

Bild 3-4 Hilfsvorrichtung zum Lösen der Filterglocke, angesetzt

Bild 3-5 Neue Filterglocke; der Dichtungsring – hier etwas abgehoben – muß bei der Montage fest in seiner Nut sitzen

Bedarfsfalle – wiederum nur mit der Kraft der Hände – noch etwas nachgezogen.
Wird das Ölfilter nicht zusammen mit dem Motorenöl gewechselt (das Filterpapier ist zu diesem Zeitpunkt so weit verschmutzt, daß es für das Öl nicht mehr durchlässig genug ist), fließt das Öl notgedrungen über das im Bild 3-2 gezeigte Kurzschlußventil ungereinigt in den Schmierölkreislauf zurück. Die Folge ist ein erhöhter Verschleiß im Motor.

Kontrollmaßnahmen: Das Funktionieren des Schmiersystems wird durch die Öldruckkontrolleuchte im Kombigerät der Instrumententafel angezeigt. Sie muß nach dem Anfahren, d. h. nach dem Aufbauen eines gewissen Öldrucks, bei 1000...1200 U/min ausgehen und darf während der Fahrt nicht leuchten. Der das veranlassende Öldruckschalter schaltet die Kontrolleuchte bei einem Öldruck im Schmiersystem von 80 kPa (0,8 kp/cm^2) aus und bei einem Öldruck von ca. 40 kPa (0,4 kp/cm^2) ein. Unstimmigkeiten hieran erfordern die Hilfe des Fachmannes. Selbsthilfemaßnahmen sind im Abschnitt „Motor zeigt unregelmäßigen Öldruck" beschrieben.
Eine Besonderheit besitzt der WAS 2103/2106. In seiner Instrumententafel ist ein Öldruckmesser mit Kontrolleuchte installiert, der den jeweiligen Öldruck im Schmiersystem anzeigt. Im praktischen Fahrbetrieb kommt es hierbei nun vor, daß bei niedriger Motordrehzahl und betriebswarmem Motor die Kontrolleuchte aufleuchtet. Das ist so lange kein Fehler, so lange diese Leuchte bei Erhöhung der Motordrehzahl wieder verlischt. Anderenfalls ist mit einer Störung im Schmiersystem zu rechnen. Beim Aufleuchten der Kontrolleuchte während der Fahrt stellt man deshalb sofort den Motor ab und versucht die Störung zu beheben. Näheres hierzu im Abschnitt „Motor zeigt unregelmäßigen Öldruck".

Luftfilter warten

Die für den Verbrennungsprozeß benötigte Luft wird dem Motor über das Luftfilter und den Vergaser zugeführt, wobei dieselbe beim Durchströmen des Luftfiltereinsatzes gereinigt wird. Die Intervalle der Erneuerung des Luftfiltereinsatzes (Bild 3-6) sind weitgehend von den Einsatzbedingungen des Fahrzeugs abhängig. Bei Fahrten auf vorwiegend staubigen Straßen sollte der Filtereinsatz nach jeweils 5000...8000 km, bei Fahrten auf weniger staubigen Straßen nach jeweils 10 000...15 000 km erneuert werden.

Luftfilter einstellen: Das Umstellen des Luftfilters von Sommer- auf Winterbetrieb ist erst ab 15 °C und somit bei den bei uns im Winter herrschenden Temperaturen nur in Ausnahmefällen notwendig. Wer jedoch meint, entgegen dieser Erfahrung handeln zu müssen riskiert, daß sich der Kraftstoffverbrauch um ca. 1 l/100 km erhöht.
Das Ansaugen von Frischluft im Som-

Bild 3-6
Luftfilter;
1 – Filtereinsatz,
2 – Vergaser,
3 – Filter der Kurbelgehäuseentlüftung,
4 – Stutzen der Kurbelgehäusebelüftung

merbetrieb bzw. von vorgewärmter Frischluft im Winterbetrieb ist durch das entsprechende Versetzen der Filterhaube möglich. In der Sommerstellung muß die blaue Marke auf der Filterhaube mit dem Pfeil auf dem Filterstutzen übereinstimmen, in der Winterstellung die rote Marke.

Kurbelgehäuseentlüftung und Flammenlöscher: Im Luftfiltergehäuse (s. Bild 3-6) ist das Filterelement für die Kurbelgehäuseentlüftung mit untergebracht. Auch dieses Element muß alle 10 000 km erneuert werden. Ähnlich ist der Flammenlöscher (Bild 3-7) zu behandeln. Er ist zumindest alle 20 000 km durch Auswaschen in Kraftstoff zu reinigen. Der Grund für die geschilderte Behandlung von Filterelement und Flammenlöscher ist folgender: Während des Verbrennungsprozesses entstehen im Motor giftige Gase. Diese Gase, bei älteren Motoren noch ins freie abgeführt, werden bei den heutigen Motoren dem Verbrennungsprozeß wieder zugeführt. Sie strömen dabei aus dem Kurbelgehäuse über den Ölabscheider, den Entlüftungsschlauch und das Filterelement für die Kurbelgehäuseentlüftung zurück in das Luftfiltergehäuse, von wo sie wieder in den Verbrennungsprozeß gelangen. Und um dabei zu verhindern, daß die bei Fehlzündungen möglicherweise entstehenden und in das Luftfiltergehäuse schlagenden Flammen durch Entlüftungsschlauch und Ölabscheider hindurch in das Kurbelgehäuse schlagen und hier das Öl entzünden, ist der sogenannte Flammenlöscher in das Filtersystem eingebaut. Dieser Flammenlöscher aus Messingdraht sitzt gewöhnlich am Ölabscheider bzw. im Eintrittsstutzen des Luftfiltergehäuses. Es ist aber auch möglich, daß sich derselbe im Entlüftungsschlauch befindet. Ganz gleich wo er sitzt, man zieht ihn nach 20 000 km heraus, wäscht ihn wie beschrieben aus und setzt ihn, wenn er abgetrocknet ist, wieder ein.

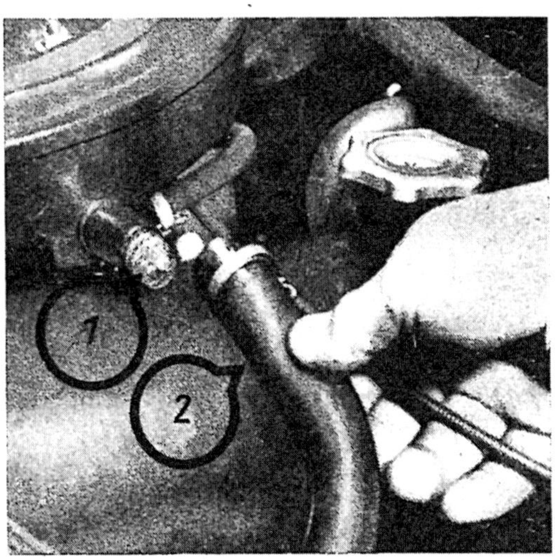

Bild 3-7 Luftfiltergehäuse mit Flammenlöscher im Einsatzstutzen (1) und Entlüftungsschlauch des Kurbelgehäuses (2)

Vergaser reinigen und einstellen

Alle WAS-Typen sind mit Zweistufen-Fallstromvergasern ausgestattet, deren Drosselklappen beim Gasgeben nacheinander öffnen und so dem Motor das jeweils notwendige Kraftstoff-Luft-Gemisch zuführen. Alle WAS-Vergaser besitzen ferner eine Kaltstarteinrichtung, eine spezielle Beschleunigungspumpe und ein Vorwärmsystem für die anzusaugende Luft. In Anlage 1 sind die entsprechenden Düsen- und Einstellwerte zu finden. Hierbei ist zu beachten, daß seit Produktionsbeginn des WAS mehrere Veränderungen in der Düsenbestückung und den Einstellwerten erfolgten. Für die heutigen WAS-Typen 2101, 2102 und 21011 sind der Vergasertyp 2101-1107010-03, für den WAS 2103 der Vergasertyp 2103-1107010-01 und für den WAS 2106 der Vergasertyp 2106-1107010-01 die derzeit neuesten.
Im System der Kraftstoffversorgung des WAS-Motors treten Störungen in der Regel nur durch Verschmutzung der Vergaserdüsen bzw. durch Einstellfehler am Vergaser auf. Es ist demzufolge empfehlenswert, den Vergaser vorbeugend alle 10 000 km zu reinigen und ihn danach neu einzustellen. Hierzu ist es nicht erforderlich, ihn komplett abzubauen. Es reicht aus, wenn er im angebauten Zustand teilweise zerlegt wird. Vor Beginn der Arbeiten ist es jedoch notwendig, ihn mit Waschbenzin oder Kraftstoff gründlich zu reinigen; am besten mit einem Waschpinsel ohne Metallring, nachdem zuvor die Batterie abgeklemmt worden ist.

Bild 3-8 Vergaserdeckel mit seinen 5 Befestigungsschrauben

Bild 3-9 Vergaser von hinten gesehen; 1 – Drosselklappenanschlagschraube, 2 – Teleskopgestänge, 3 – Starteinrichtung

Bild 3-10
Vergaser seitlich gesehen;
1 – Leerlaufgemischregulierschraube,
2 – Drosselklappenanschlagsschraube
3 – Leerlaufkraftstoffdüse
4 – Kraftstoffschlauchanschluß mit Filter
5 – Beschleunigerpumpe

Vergaserdeckel abbauen: Die zweckmäßigste Form der Reinigung des Vergasers beginnt damit, daß der Vergaserdeckel (Bild 3-8), also das Oberteil des Vergasers, abgebaut wird. Hierzu ist es erforderlich,

– das Luftfiltergehäuse (s. Bild 3-6) abzunehmen (Lösen der 3 Muttern des Luftfilterdeckels, Herausnehmen des Filtereinsatzes, Lösen der 4 Muttern der Luftfiltergehäusebefestigung);
– alle Schlauchverbindungen am Vergaser zu lösen und hierbei auch den Kraftstoffzuführungsschlauch nach Lösen der Schelle abzuziehen (s. Bild 3-10);
– den Vergaserdeckel (s. Bild 3-8) durch Lösen der 5 Befestigungsschrauben (3 davon liegen in versenkten Bohrungen) abnahmebereit zu machen und schließlich
– das gefederte Teleskopgestänge vom Hebel der Starteinrichtung (s. Bild 3-9) sowie den

Bild 3-11
1 – Leerlaufkraftstoffdüse
2 – Leerlaufluftdüsen,
3 – Zerstäuberventil der Beschleunigerpumpe,
4 – Hauptluftdüsen,
5 – Hauptkraftstoffdüsen,
6 – Regulierschraube der Beschleunigerpumpe

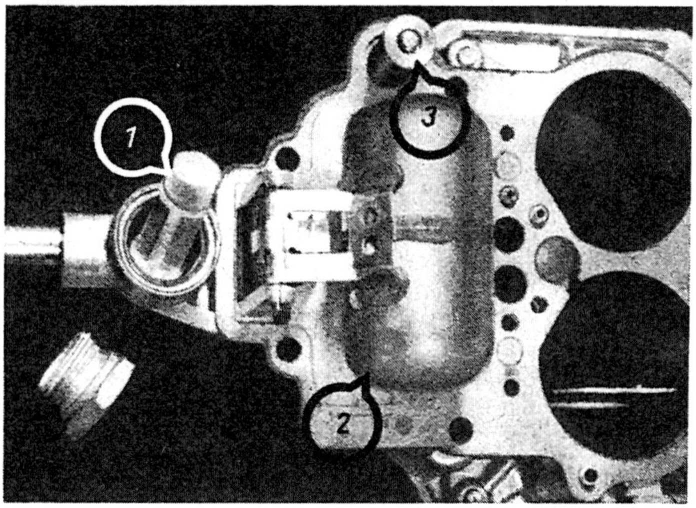

Bild 3-12
Vergaserdeckel mit Filtersieb (1), Schwimmer (2) und Schwimmergehäusebelüftungsventil (3)

Bowdenzug für die Starterklappe auszuhängen.
Nunmehr läßt sich der Vergaserdeckel abheben. Aber Vorsicht, nicht die Dichtung beschädigen! Macht das Abheben Schwierigkeiten, kann mit einem leichten Hammerschlag, angesetzt am seitlichen Rand des Deckels, nachgeholfen werden.
Zur inneren Reinigung des Vergasers, d. h. seiner Düsenbohrungen und -kanäle, verwendet man am besten Druckluft; notfalls die im Bordwerkzeug vorhandene Luftpumpe. Das gilt auch für die in den Bildern 3-10 und 3-11 bezeichneten Düsen. Sie werden dazu herausgeschraubt, durchgeblasen und anschließend so abgelegt, daß keine Verwechslung eintreten kann. Danach werden die von den Düsen befreiten Kanäle gleichfalls durchgeblasen. Zum Schluß wird das Schwimmergehäuse gereinigt (ausgewaschen).
Sind die Düsen schließlich wieder montiert, wird der Vergaser – der Deckel ist ja noch nicht wieder aufgesetzt – mit einem sauberen Putzlappen abgedeckt, damit kein Schmutz hineinfällt. Nunmehr wird das im Vergaserdeckel angeordnete Siebfilter (Bild 3-12) gereinigt. Es wird dazu die Verschlußschraube herausgedreht und das Sieb herausgenommen.

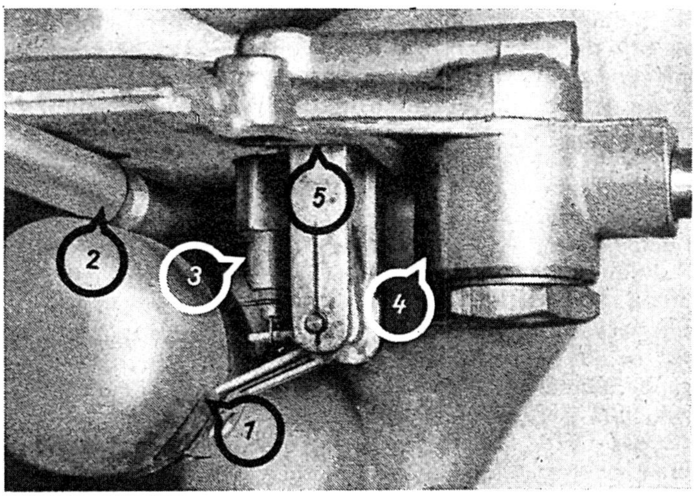

Bild 3-13
Vergaserdeckel mit Schwimmer (1), eingelegter Lehre (2), Schwimmernadelventil (3), Gehäuse des Filtersiebes (4) und Deckeldichtung (5)

Schwimmernadelventil überprüfen: Schmutz kann die Ursache dafür sein, daß das Schwimmernadelventil (Bild 3-13) nicht mehr richtig schließt. Um das zu überprüfen, wird der Kraftstoffzuführungsschlauch auf den Anschlußstutzen des noch nicht wieder montierten Vergaserdeckels geschoben und der komplette Vergaserdeckel mit seiner Unterseite nach oben gedreht. Der Schwimmer liegt hierbei voll auf dem Schwimmernadelventil auf und schließt dasselbe. Wird jetzt durch mehrmaliges Betätigen des Handhebels der Kraftstoffpumpe (s. Bild 3-15) Kraftstoff gefördert, tritt am Schwimmernadelventil Kraftstoff aus, wenn das Schwimmernadelventil nicht mehr richtig schließt. In einem solchen Falle wird es entweder gereinigt oder erneuert. Anschließend ist der Schwimmerstand neu einzuregulieren.
Wird im Gegensatz dazu bei dieser Prüfung festgestellt, daß das Schwimmernadelventil dicht schließt – es tritt kein Kraftstoff aus –, sind hieran keine weiteren Reinigungsarbeiten notwendig.

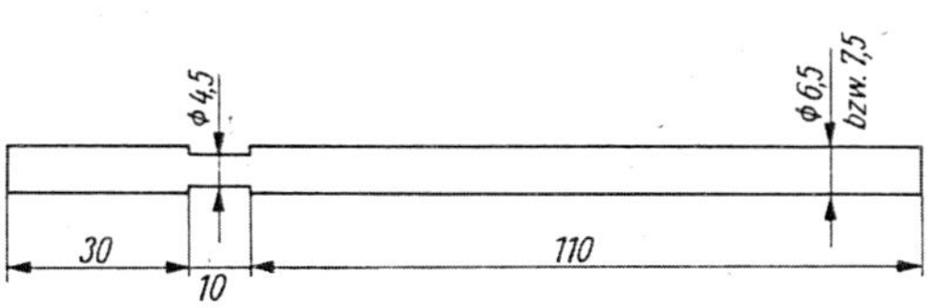

Bild 3-13a Hilfswerkzeug zum Einstellen des Schwimmerstandes

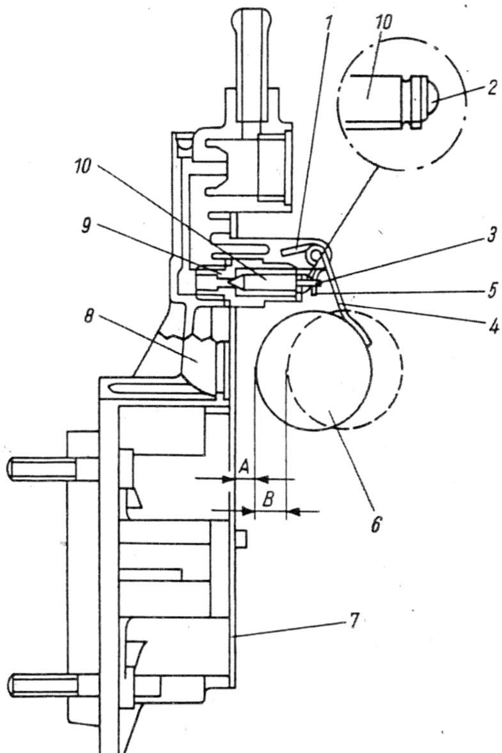

Bild 3-14 Einstellen des Schwimmerstandes; 1 – Hubbegrenzungszunge, 2 – Kugel der Schwimmernadel, 3 – Rückzuggabel der Schwimmernadel, 4 – Schwimmertragarm, 5 – Schwimmerhebelzunge, 6 – Schwimmer, 7 – Dichtung, 8 – Vergaserdeckel, 9 – Schwimmernadelsitz, 10 – Schwimmernadel

Schwimmer überprüfen: Ein defekter Schwimmer (s. Bild 3-12) macht sich durch einen zu hohen Kraftstoffverbrauch und auch durch ein schlechtes Anspringen des Motors bemerkbar. In diesem Falle schiebt man die Schwimmerlagerachse heraus und legt somit den Schwimmer frei. Schüttelt man denselben jetzt und bemerkt dabei, daß sich Kraftstoff im Schwimmer befindet, ist derselbe undicht und muß erneuert werden. Jede Reparatur (Zulöten der undichten Stelle) würde das Gewicht des Schwimmers, das 11 ± 0,5 g beträgt, erhöhen und somit zu einem falschen Schwimmerstand führen. Stellen wir bei der Prüfung fest, daß der Schwimmer in Ordnung, also dicht ist, wird derselbe wieder an seine Lagerachse in der im Bild 3-13 gezeigten Lage befestigt.

Schwimmerstand einstellen: Jede Reinigungs- bzw. Kontrollarbeit am Vergaser erfordert als Folgemaßnahme die Neueinstellung des Schwimmerstandes. Hierbei geht man wie folgt vor: Der Vergaserdeckel mit Dichtung (s. Bild 3-13) wird in die im Bild 3-14 gezeigte senkrechte Stellung gebracht und nunmehr der Abstand A gemessen. Derselbe muß beim Vergaser mit der Typenbezeichnung 1107010-01 (Lada 2101, 2102 und 2101) 6,5 ± 0,25 mm, bei den Vergasern mit der Typenbezeichnung 1107010 bzw. 1107010-02 7,5 ± 0,25 mm und bei den Vergasern mit der Typenbezeichnung 1107010 (Lada 2103) 7,5 ± 0,25 mm bzw. 1107010-01 (Lada 2103) 6,5 ± 0,25 mm betragen.
Als Meßinstrument für das Ermitteln des Abstandes A eignet sich ein Rundstab der entsprechenden Dicke (s. Bild 3-13), wobei der Rundstab jedoch die in Bild 3-13a gezeigte Aussparung aufweisen muß. Andernfalls wird die Schwimmernadel mit angehoben und hierdurch kein reeller Einstellwert erreicht.
Als zusätzliche Kontrollmaßnahme (s. Bild 3-14) sei erwähnt, daß die Schwimmerhebelzunge (5) an der Kugel (2) der Schwimmernadel (10) gerade nur anliegen darf.
Sind Korrekturen am Schwimmerstand erforderlich, erfolgt dies durch entsprechendes Verbiegen der Schwimmerhebelzunge (5). Aber Vorsicht, es genügt jeweils ein Biegen um geringste Beträge!
Der Maximalhub B des Schwimmers beträgt bei allen Vergasertypen einheitlich 8 ± 0,25 mm. Ermitteln läßt sich derselbe nur durch Addition von Schwimmerstand (6,5 bzw. 7,5 mm) und Hub (14,5 bzw. 15,5 mm) mit einem Meßstab. Korrekturen am Maximalhub sind ebenfalls durch ein geringfügiges Verbiegen, diesmal aber der Hubbegrenzungszunge (1), möglich.
Hingewiesen sei noch darauf, daß es bei Korrekturen am Bewegungsweg B des Schwimmers erforderlich ist, danach noch einmal den Abstand A zu überprüfen. Derselbe könnte sich wieder verändert haben.
Nach Abschluß der Reinigungs- und Einstellarbeiten wird der Vergaserdeckel wieder montiert. Ist das geschehen, gibt eine Probefahrt Aufschluß über den Erfolg unserer Bemühungen.

Leerlauf des Motors einstellen

Grundvoraussetzung für das Einstellen des Leerlaufs des Motors ist die ordentliche Funktion von Zündanlage (s. Abschn. „Zündanlage warten") und Ventilen (s. Abschn. „Ventile einstellen"). Hier wird darum auch vorausgesetzt, daß Zünd- und Ventileinstellung stimmen und sich unsere Einstellarbeit daher nur auf die Versorgung des Motors mit dem richtigen Kraftstoff-Luft-Gemisch in der jeweils notwendigen Menge beziehen muß. Ferner ist vorausgesetzt, daß der Motor betriebswarm ist.
Zur Einstellung des Leerrlaufs des Motors dienen die Leerlaufgemischregulierschraube und die Anschlagschraube für die Drosselklappe. Im Bild 3-10 sind diese beiden Schrauben markiert.
Die günstigste Leerlaufeinstellung ist die, bei der der betriebswarme Motor mit etwa 700 U/min gleichmäßig läuft. Dies erreicht man auf folgende Weise:

1. Mit der Drosselklappenschlagschraube wird die Motordrehzahl so eingestellt, daß der Motor gerade noch rund läuft, also nicht rast, aber auch nicht um jede Umdrehung kämpfen muß. Das Herausdrehen (links herum) verringert die Motordrehzahl, das Hineindrehen (rechts herum) erhöht sie.

2. Ist mit der Drosselklappenanschlagschraube die günstigste Motordrehzahl gefunden, wird mit der Leerlaufgemischregulierschraube die Kraftstoffzufuhr dosiert. Ihr Herausdrehen (links herum) ergibt mehr Kraftstoff. Dabei dreht man die Leerlaufgemischregulierschraube zunächst so weit hinein (rechts herum), bis der Motor wesentlicher langsam als bisher und somit unrund läuft. Jetzt dreht man diese Schraube wieder so weit heraus (links herum), bis der Motor gerade gleichmäßig läuft.

3. Ausgehend von dieser Grundeinstellung verringert man nun durch vorsichtiges Herausdrehen der Drosselklappenanschlagschraube (links herum) die Motordrehzahl noch ein wenig mehr und probiert gleichzeitig, ob sich auch die Leerlaufgemischregulierschraube noch ein wenig weiter schließen läßt (rechts herum drehen) und der Motor dennoch gleichmäßig läuft. Letzteres muß man mitunter mehrmals probieren, um die wirklich günstigste Einstellung zu finden. Das ist nicht nur von Bedeutung für den Leerlauf des Motors. Die Leerlaufeinstellung beeinflußt in hohem Maße auch Gemischzusammensetzung und Kraftstoffverbrauch in den höheren Drehzahlbereichen.

Jede Vergasereinstellung muß natürlich den Umweltschutzbestimmungen, zu finden im Gesetzblatt der DDR Teil I Nr. 37 von 1974, gerecht werden. Hier ist festgelegt, daß der Anteil der Schadstoffemission bei Ottomotoren 4,5 Volumenprozent nicht übersteigen darf. Und da dieser Wert nur mit speziellen Abgasprüfgeräten ermittelt werden kann, ist nach jeder selbst durchgeführten Vergasereinstellung unbedingt der Abgastest nachzuholen. Die Vertragswerkstätten und Vergasereistelldienste, z.T. aber auch die gesellschaftlichen Einrichtungen wie VSA u.a., verfügen in der Regel über die entsprechenden Prüfgeräte. Man meldet sich zweckmäßigerweise dort an und läßt hier den Test einschließlich der ggf. erforderlichen Feinkorrektur der Vergasereinstellung durchführen.

Kraftstoffpumpe reinigen

Die Kraftstoffpumpe (Bild 3-15) versorgt den Motor über den Vergaser mit Kraftstoff. Es ist eine Membranpumpe, die von der Nebenwelle des Motors mittels Stößel und Winkelhebel angetrieben wird. Sie besitzt einen Handhebel, mit dessen Hilfe nach längerer Standzeit des Fahrzeugs Kraftstoff vorgepumpt werden kann, was das Anspringen des Motors erleichtert.
Die Kraftstoffpumpe ist, was ihre mechanische Funktion betrifft, wartungsfrei. Notwendig ist es jedoch, sie etwa alle 10 000 km zu reinigen. Ihr Abbau ist dazu nicht erforderlich. Es genügt, den halbkugelförmigen Pumpendeckel nach Herausschrauben der zentralen Halteschraube abzuheben, hiernach das Plastsieb (Bild 3-16) herauszunehmen und das Sieb sowie den darunter liegenden Schlammraum mit Waschbenzin oder Kraftstoff zu reinigen. Nach dem Zusammenbau

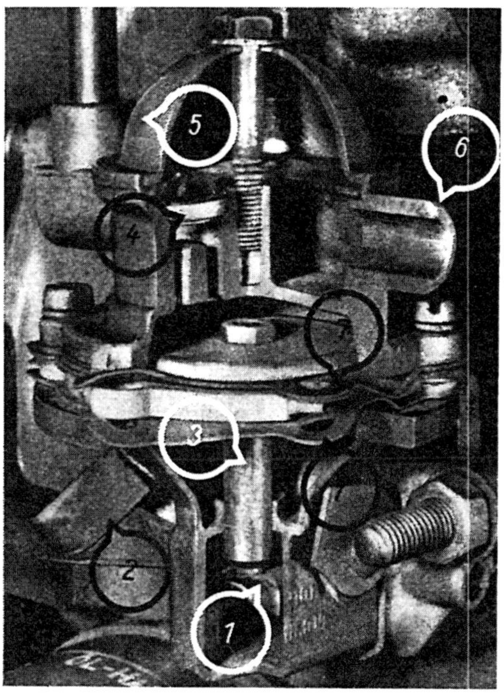

Bild 3-15 Kraftstoffpumpe, geschnitten; 1 – Winkelhebel, 2 – Handhebel, 3 – Membranstößel, 4 – Druckventil, 5 – Druckstutzen, 6 – Saugstutzen, 7 – Membranen

Bild 3-16 Kraftstoffpumpe, geöffnet; 1 – Pumpengehäuse, 2 – Filtersieb

wird die Halteschraube festgezogen, und die Kraftstoffpumpe tut wieder getreulich ihren Dienst.

Steuerkette spannen

Die Steuerkette (Bild 3-17) ist verantwortlich für den Antrieb der Nockenwelle und damit für die exakte Steuerung der Ventile. Unstimmigkeiten in diesem Antriebssystem erhöhen zumindest das Motorgeräusch, wenn sie nicht gar einen schlechteren Motorlauf zur Folge haben. Notwendig ist es deshalb, die Steuerkette nach jeweils 10 000 km oder auch schon dann, wenn sich im Motorraum ein helles, blechern klingendes Geräusch beim Wechseln der Motordrehzahlen bemerkbar macht, nachzuspannen. Dazu wird die an der rechten Seite des Zylinderkopfes vorn befindliche Hutmutter des Kettenspanners (Bild 3-18) mit einem etwa 120 mm langen 13er Steckschlüssel um etwa eine Umdrehung gelöst. Jetzt wird die Kurbelwelle des Motors mit der Andrehkurbel etwa zwei Umdrehungen langsam nach rechts durchgedreht und die gelöste Hutmutter danach wieder kräftig festgezogen. Der Kettenspanner stellt die erforderliche Kettenspannung hierbei selbsttätig ein.

Wird bei der anschließend zu absolvierenden Probefahrt festgestellt, daß die eingangs erwähnten blechern klingenden Kettengeräusche durch das Nachspannen der Kette nicht beseitigt werden konnten, ist eine Erneuerung der Steuerkette einschließlich der Antriebszahnräder erforderlich. Im Abschnitt „Motor macht unnormale Geräusche" ist das beschrieben.

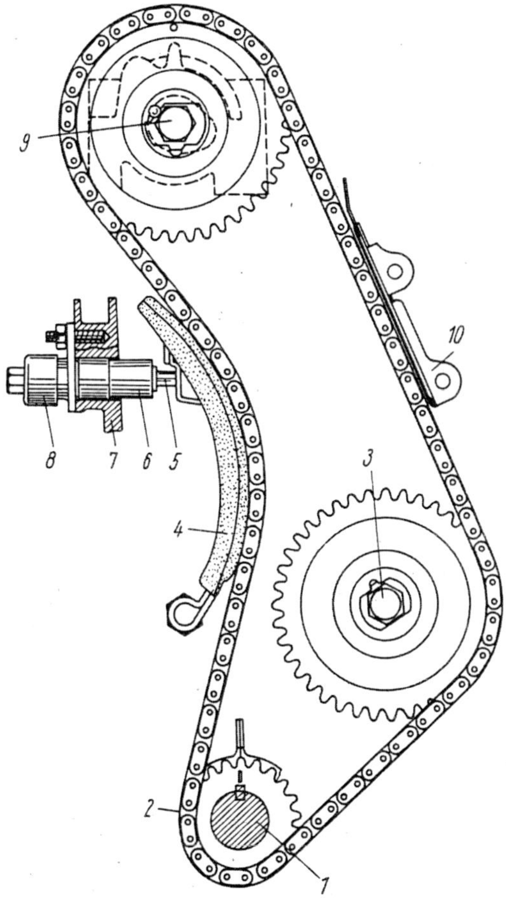

Bild 3-17 Steuerkette mit Spannvorrichtung; 1 – Kurbelwelle mit Antriebszahnrad, 2 – Steuerkette, 3 – Nebenwelle mit Antriebszahnrad, 4 – Spannschuh, 5 – Spannbolzen, 6 – Spanner, 7 – Zylinderkopf, 8 – Hutmutter, 9 – Nockenwelle mit Antriebszahnrad, 10 – Kettenführungsschiene

Bild 3-18
Steuerkettenspanner, geschnitten;
1 – Hutmutter,
2 – Spannbolzen,
3 – Spannschuh,
4 – Steuerkette

Ventile einstellen

Der Ventilmechanismus in seiner Gesamtheit unterliegt im Fahrbetrieb einem gewissen Verschleiß. Den Ausgleich kann man durch das Neueinstellen der Ventile schaffen. Benötigt werden hierzu eine spezielle Ventillehre von 0,15 mm Dicke und 25 mm Breite sowie ein 13er und ein 17er Maulschlüssel. Eine handelsübliche Ventillehre mit einer Breite von 10 oder 12 mm ist für die Ventileinstellung des WAS nicht geeignet. Sie würde die Berührungsflächen von Nocken und Schwinghebeln nicht in ihrer vollen Breite von 25 mm erfassen, und Falscheinstellungen wären die Folge.
Das Überprüfen der Ventilspiele sowie das ggf. notwendige Neueinstellen der Ventile darf grundsätzlich nur am kalten Motor erfolgen. Es ist nach jeweils 10 000 km erforderlich. Die Ventilspiele betragen bei den Ein- und Auslaßventilen einheitlich 0,15 mm.
An Vorbereitungsarbeiten für das Einstellen der Ventile fallen an:

1. Abbauen des Luftfiltergehäuses
2. Aushängen von Gasgestänge und Starterzug am Vergaser
3. Abnehmen des Ventildeckels (8 Befestigungsmuttern lösen, Scheiben und Verstärkungsbleche entfernen, Ventildeckel abheben; aber Vorsicht, die Dichtung nicht zerreißen!)

Die praktische Ventileinstellarbeit beginnt damit, daß zunächst die Grundeinstellung des Motors durch Drehen der Kurbelwelle in Uhrzeigerrichtung mit der Andrehkurbel hergestellt wird. Das ist erreicht, wenn die Markierung am Zahnrad der Nockenwelle (Vertiefung) mit der Markierung auf dem Gehäuse der Nockenwelle (Höcker) übereinstimmt. Bild 3-19 zeigt diese Situation. Kurbeltrieb und Steuermechanismus der Ventile nehmen hierbei die Stellung ein, die dem Oberen Totpunkt (OT) des in der Reihenfolge vierten Zylinders – von vorn nach hinten gezählt – entspricht. Das heißt, in der Grundstellung befindet sich der Kolben des vierten Zylinders am Ende des Versichtungshubes und damit im Oberen Totpunkt (OT). Ein- und Auslaßventil dieses vierten Zylinders sind hierbei geschlossen.
Ausgehend von der Grundeinstellung wird nun das Ventilspiel der einzelnen Ventile überprüft und ggf. in der in Tabelle 3-2 genannten Reihenfolge korrigiert. Das heißt, in der Grundstellung der Kurbelwelle können das Auslaßventil des 4. Zylinders – es ist das 8. Ventil von vorn – und das Einlaßventil des 3. Zylinders – es ist das 6. Ventil von vorn – eingestellt werden. Danach dreht man die Kurbelwelle um eine halbe Umdrehung = 180° nach rechts weiter und stellt jetzt das Auslaßventil des 2. Zylinders – es ist das 4. Ventil von vorn – und das Einlaßventil des 4. Zylinders – es ist das 7. Ventil von vorn – ein. Ein abermaliges Weiterdrehen der Kurbelwelle um eine halbe Umdrehung oder weitere 180° ermöglicht es, das Auslaßventil des 1. Zylinders – es ist das 1. Ventil von vorn – und das Einlaßventil des 2. Zylinders – es ist das 3. Ventil von vorn – einzustellen. Nach einem nochmaligen Weiterdrehen der Kurbelwelle um eine weitere halbe Umdrehung von 180° werden schließlich das Auslaßventil des 3. Zylinders – es ist das 5. Ventil von vorn – und das Einlaßventil des 1. Zylinders – es ist das 2. Ventil von vorn – eingestellt.
Vor jeder Neueinstellung der Ventile wird das Ventilspiel durch Einführen der Ventillehre zwischen Nocken und Schwinghebel (Bild

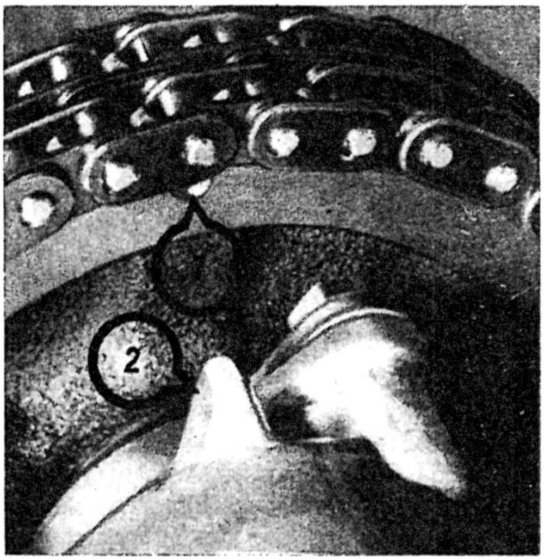

Bild 3-19 Einstellmarkierungen am Zahnrad der Nockenwelle (1) und auf dem Gehäuse der Nockenwelle (2)

Bild 3-20 Einstellwerkzeuge, angesetzt: 1 – Ventillehre, 2 – Gabelschlüssel, angesetzt an der Einstellschraube, 3 – Gabelschlüssel, angesetzt an der Gegenmutter

3-20) geprüft. Es stimmt, wenn sich die Ventillehre mit mäßigem Kraftaufwand von etwa 1,5 kg hineinschieben sowie herausziehen läßt. Andernfalls ist das Ventilspiel zu klein oder zu groß.

Zum Neueinstellen des Ventilspiels löst man die Gegenmutter (SW 17 mm) des betreffenden Ventils und dreht dessen Einstellschraube (SW 13 mm) zunächst einmal hinein (rechts herum), bis sich die Ventillehre mühelos zwischen Nocken und Schwinghebel einschieben läßt. Danach dreht man die Einstellschraube langsam wieder heraus (links herum) und bewegt hierbei die Ventillehre ständig hin und her, bis dieselbe gerade festklemmt. Nunmehr reguliert man mit der Einstellschraube das vorgeschriebene Ventilspiel von 0,15 mm exakt ein. Die Ventillehre läßt sich, ist dieser Punkt erreicht, hierbei nur mit dem schon erwähnten mäßigen Kraftaufwand herausziehen bzw. hineinschieben. Danach wird die Gegenmutter wieder fest angezogen. In einer Nachkontrolle mußt sich das Einstellergebnis bestätigen. Das Ventilspiel verkleinert sich beim Anziehen der Gegenmutter nämlich recht gern, was eine falsche Ventileinstellung zur Folge hätte.

Es sei nicht verschwiegen, daß das Über-

Tabelle 3–2: Reihenfolge der Ventileinstellung in Abhängigkeit vom Stand der Kurbelwelle

Kurbelwellen-Drehwinkel (Grad)	Zylinder, in dem der Kolben im OT steht	Einstellbreite Ventile			
		Auslaßventil		Einlaßventil	
		Zylinder	Nocken	Zylinder	Nocken
0	4	4	8	3	6
180	2	2	4	4	7
360	1	1	1	2	3
540	3	3	5	1	2

prüfen und Neueinstellen der Ventilspiele Erfahrung verlangt; beispielsweise in der Hinsicht, daß alle 8 Ventile genau das gleiche Spiel erhalten, die Ventillehre sich also bei allen 8 Ventilen immer mit dem gleichen mäßigen Kraftaufwand einschieben und herausziehen lassen muß. Wer das Einstellen der Ventile noch nicht selbsttätig gemacht hat, versichert sich bei der ersten selbsttätigen Einstellarbeit darum besser der Hilfe eines Fachmannes, um ggf. dessen Rat einholen zu können. Andernfalls könnte der Schaden recht groß werden.

Nach beendeter Einstellarbeit werden die abgebauten Teile wieder montiert. Es ist hierbei zu beachten, daß die Dichtung des Ventildeckels wieder ordentlich paßt, also nicht geweitet, geknickt oder eingerissen ist. Vorteilhaft ist es deshalb, wenn man eine Ersatzdichtung zur Hand hat, um dieselbe notfalls einsetzen zu können.

In einer Probefahrt muß sich bestätigen, ob die Einstellarbeit erfolgreich verlaufen ist. Wenn nicht, müssen die Ventilspiele erneut überprüft und eingestellt werden.

Zündanlage warten

Unter den Sammelbegriffen „Zündung" bzw. „Zündanlage" ist das Zusammenwirken von Energiequelle (Batterie oder Lichtmaschine), Zündspule, Zündverteiler, Zündkabeln und Zündkerzen zu verstehen. Alle diese Teile sind im Fahrbetrieb hoch beansprucht. Infolgedessen kann es hier durchaus einmal zu dieser oder jener Störung kommen. Unsere technische Durchsicht erstreckt sich darum auch auf die vorbeugende Wartung dieser Teile, wobei Zielpunkt unserer Betrachtungen das von Zeit zu Zeit notwendige Einstellen der Zündung ist.

Zündkerzen: Die Originalzündkerzen des WAS (mit Langgewinde) haben einen Wärmewert von 240. Sie sind im Bedarfsfall durch Isolator-Zündkerzen FM 14-225/2 mit geriffeltem Schaft zu ersetzen.

Von allen Teilen der Zündanlage sind die Zündkerzen am höchsten beansprucht. Sie müssen beispielsweise bei einer Motordrehzahl von 5000 U/min 2500 Funken pro Minute liefern. Das belastet sie thermisch sehr. Infolgedessen reinigen wir sie spätestens alle 5000 km und erneuern sie alle 15000 km. Wird die Wartung der Zündkerzen vernachlässigt, wirkt sich das, und hier insbesondere die Alterung, in schlechtem Anspringen des Motors und in erhöhtem Kraftstoffverbrauch aus.

Das Reinigen der Zündkerzen mit Hilfe eines Sandstrahlers und anschließendem Ausblasen mit Preßluft wäre natürlich vorteilhaft. Wer aber hat schon diese Möglichkeit. Wir reinigen die Zündkerzen, in dem wir von den Metallteilen (Mittelelektrode und Masse) mit einem Messer die Verbrennungsrückstände vorsichtig abkratzen.

Aus dem Kerzengesicht – vorausgesetzt, der Motor hat seine Betriebstemperatur erreicht – lassen sich Schlußfolgerungen über die Verbrennungsbedingungen im Motor ableiten. So haben z. B. die Porzellanisolatoren der Zündkerzen bei einwandfreien Betriebsbedingungen des Motors, d. h. bei richtiger Vergaser- und Zündeinstellung, eine hellbraune Färbung. Ganz anders bei einer falschen Vergaser- oder Zündeinstellung. Hier zeigen die Kerzengesichter Rußansatz. Ähnlich bei verschlissenen Kolbenringen. In einem solchen Falle verölen die Zündkerzen. Stimmt gar die Ventileinstellung nicht bzw. steht die Zündung auf „früh", zeigen die Zündkerzen kleine Schmelzperlen, und der Isolator ist hellbraun bis weiß.

Der Elektrodenabstand der Zündkerzen soll 0,5 bis 0,6 mm betragen. Im Bedarfsfalle wird er durch Nachbiegen der Masseelektrode korrigiert. Im Bordwerkzeug ist eine entsprechende Lehre vorhanden.

Die Zündkerzen dürfen übrigens nur im kalten Zustand des Motors ausgebaut werden. Bei einem Ausbau aus dem heißen Motor könnten die Gewinde im Zylinderkopf zerstört werden. Bei Unterwegsstörungen ist es deshalb unerläßlich, den Motor erst abkühlen zu lassen, bevor die Zündkerzen ausgebaut und überprüft werden.

Zündverteiler: Seinen Aufbau zeigt Bild 3-21. Erklärt sei hierzu nur, daß der Zündverteiler die mit Hilfe des Unterbrechers in der Zündspule erzeugte Zündspannung auf die einzelnen Zündkerzen und damit Zylinder im Sinne der Zündfolge 1–3–4–2 verteilt und so dem

Bild 3-21 Zündverteiler, geöffnet; 1 – Öler, 2 – Oktanwähler, 3 – Schmierfilz 4 – Fliehgewichte, 5 – Halteschraube der Unterbrecherplatte, 6 – Unterbrecher, 7 – Anschlußklemme für Kabel der Zündspule

Motor überhaupt erst ein Laufen bzw. eine Leistungsabgabe ermöglicht.

Unterbrecherkontaktabstand: An Wartungsarbeiten fällt am Zündverteiler in periodischen Abständen von 10 000 km das Einstellen des Unterbrecherkontaktabstandes an. Die Ursachen hierfür sind der sich an den Kontaktflächen bildende Abbrand sowie der Verschleiß der am Unterbrechernocken anlaufenden Kunststoffnase des Unterbrechers.

Zum Einstellen des Kontaktabstandes ist nach Abnehmen der Verteilerkappe die Kurbelwelle bei herausgeschraubten Zündkerzen am Keilriemen oder mit der Andrehkurbel langsam soweit nach rechts durchzudrehen, bis die Kontaktflächen den größten Abstand zueinander erreicht haben. Nunmehr werden die Kontaktflächen mit der im Bordwerkzeug vorhandenen Kontaktfeile leicht bearbeitet (der Abbrand entfernt) und danach der erforderliche Kontaktabstand von 0,4 mm eingestellt. Hierzu werden die Halteschrauben des Unterbrecherarmes etwas gelöst und die Platte soweit verstellt, bis der erforderliche Kontaktabstand von 0,4 mm erreicht ist. Kontrolliert wird dieser Abstand mit der Fühllehre. Sind die Halteschrauben wieder festgezogen, wird der Kontaktabstand mit der Fühllehre erneut geprüft. Er verändert sich beim Festziehen der Schraube nämlich recht gern. Hat er sich wieder verändert, beginnt das Einstellen des Kontaktabstandes von vorn; denn von einem richtigen Kontaktabstand hängt der Zündzeitpunkt ab. Ein zu geringer Kontaktabstand bewirkt Spätzündung, ein zu großer Kontaktabstand Frühzündung. Verschlissene Unterbrecherkontakte werden erneuert. Das geschieht besser einige Tausend Kilometer zu früh als zu spät.

Anschließend erhält der Schmierfilz des Unterbrechers einen Tropfen Spezialöl für Zündunterbrecher oder auch einen Tropfen Motorenöl. Ferner ist die Verteilerwelle mit 3 bis 4 Tropfen Motorenöl zu schmieren. Das Öl wird in die Schmierbohrung des Ölers gegeben (s. Bild 3-21).

Zündung einstellen: Jedes Neueinstellen des Unterbrecherkontaktabstandes zieht das Neueinstellen der Zündung nach sich.

Bei allen WAS-Motoren liegt der Zündzeitpunkt 5...7° Kurbelwellenwinkel vor dem Oberen Totpunkt (OT) der Kolben. Am Stirnraddeckel oberhalb der Kurbelwellenriemenscheibe (Bild 3-22) ist dieser Punkt markiert. Mit seiner Hilfe stellen wir die Zündung ein. Und das machen wir so: Nachdem wir den Oktanwähler in die 0-Stellung gebracht haben, drehen wir die Kurbelwelle des Motors mit Hilfe der Andrehkurbel soweit nach rechts, bis sich die an der Keilriemenscheibe befindliche Kerbe genau gegenüber der mittleren Markierung (= 5° v. OT) auf dem Stirnraddeckel befindet. Nunmehr klemmen wir die Prüflampe mit der einen Klemme an die Klemme 1 des Zündverteilers (= Stromzuführungsleitung, die von der Zündspule kommt) und mit der anderen Klemme an Masse an. Bild 3-23 zeigt das. Jetzt wird die Zündung eingeschaltet. Leuchtet die Prüflampe hierbei auf, steht die Zündung auf „früh", leuchtet sie nicht auf, auf „spät". In beiden Fällen wird die Spannknagge des Zündverteilers gelöst und durch ganz vorsichtiges Drehen des Zündverteilers um kleinste Beträge der richtige Zündzeitpunkt gesucht. Ein Drehen des Zündverteilers im Uhrzeigersinn ergibt eine Veränderung des Zündzeitpunktes in Richtung „spät", das Drehen in

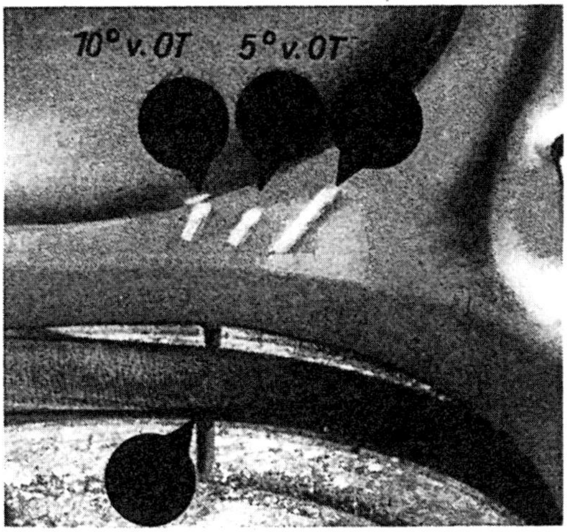

Bild 3-22 Markierung für die Einstellung des Zündzeitpunktes am Stirnraddeckel und an der Keilriemenscheibe der Kurbelwelle

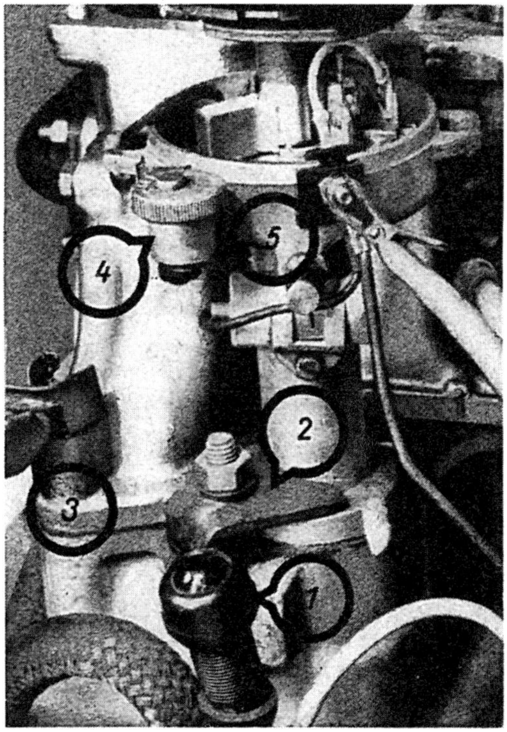

Bild 3-23 Einstellen der Zündung; 1 – Prüflampe, 2 – Spannknagge mit Halteschraube, 3 – Masseanschluß der Prüflampe, 4 – Oktanwähler, 5 – Stromanschluß der Prüflampe (Klemme 1 des Zündverteilers)

entgegengesetzter Richtung eine Veränderung des Zündzeitpunktes in Richtung „früh". Der richtige Zündzeitpunkt ist gefunden, wenn die Prüflampe beim Drehen des Zündverteilers gerade aufzuleuchten beginnt. Ist dieser Punkt festgestellt, wird der Verteiler in dieser Stellung festgehalten und die Halteschraube der Spannknagge wieder festgezogen.
Insgesamt bringt diese Art der Zündeinstellung nicht den optimalen Zündzeitpunkt. Aber man kommt damit zumindest weiter. Besser ist es, die Zündung in einer Werkstatt mit dem Stroboskop überprüfen und wenn notwendig exakt einstellen zu lassen.

Kühl- und Heizanlage

Alle WAS-Typen besitzen ein geschlossenes Kühlsystem. Die Kühlflüssigkeit – ein Gemisch aus destilliertem Wasser und Frostschutzmittel im Verhältnis von 6 Teilen Wasser und 4 Teilen Frostschutzmittel – erwärmt sich bei Betrieb des Fahrzeugs im Wassermantel des Motors, wird durch die Wasserpumpe im Umlauf beschleunigt, gelangt schließlich in den Kühler und wird hier wieder abgekühlt. Bild 3-24 zeigt das Prinzip. Die Regelung in diesem System übernimmt ein Thermostat, und zwar in der Form, daß der Kühler bis ca. 80 °C Kühlmitteltemperatur in den Kühlkreislauf nicht einbezogen ist. Hierdurch wird erreicht, daß der Motor relativ schnell auf Betriebstemperatur kommt. Erst bei einer Temperatur der Kühlflüssigkeit von über 80 °C schaltet der Thermostat den Kühler in den Kühlkreislauf ein.
Unsere Selbstkontrolle des Fahrzeugs schließt die Kontrolle des Standes der Kühlflüssigkeit im Ausgleichbehälter mit ein. Die Füllung muß stets 3...4 cm über der Markierung „min" stehen, und zwar bei kaltem Motor. Bei warmem Motor kommt eine andere Aussage zustande; der Kühlmittelstand ist etwas höher.
Stellt man fest, daß sich der Kühlmittelvorrat verringert, ist ein Suchen der Ursache und Beheben des Schadens unerläßlich. Mehr

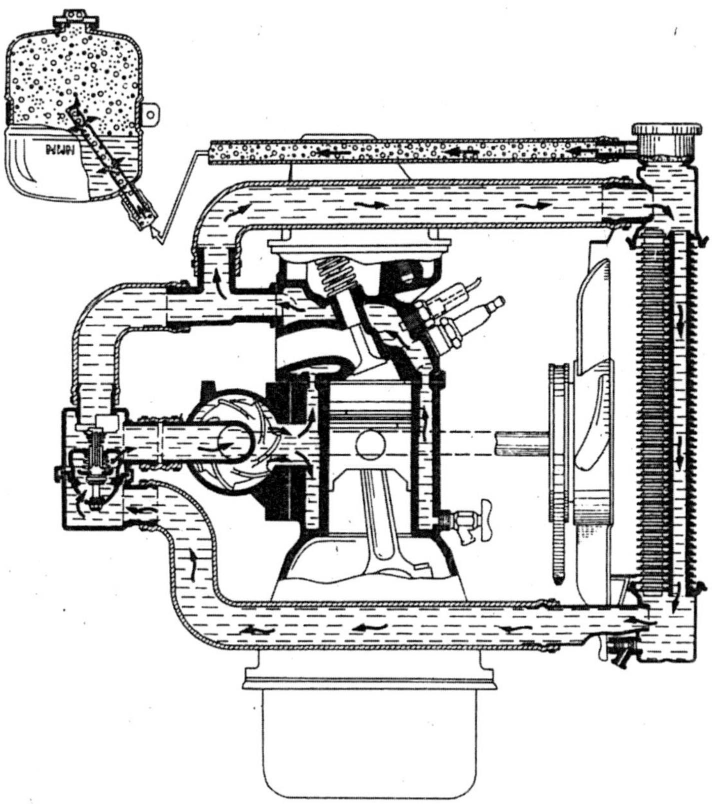

Bild 3-24
Prinzip des Kühlsystems; Kühler in den Kühlkreislauf einbezogen

dazu im Abschnitt „Motor wird zu warm". Vorerst wird jedoch der normale Flüssigkeitsstand durch Nachfüllen von destilliertem Wasser wieder hergestellt. Zu beachten ist hierbei im Winter, daß sich die Frostbeständigkeit des Kühlmittels infolge des Nachfüllens von destilliertem Wasser verringert.

Nach zwei Jahren empfiehlt es sich, die Kühlflüssigkeit zu erneuern. Wer das selber zu machen gedenkt, beschafft sich zunächst die notwendigen Mengen destillerten Wassers sowie des Frostschutzmittels und geht an die Arbeit. Der Erfolg hängt auch hierbei vom exakten Arbeiten ab. Infolgedessen wählt man eine Arbeitsreihenfolge, die sich bewährt hat. Nach unseren Erfahrungen ist das folgende:

Alte Kühlflüssigkeit ablassen

- Hebel der Heizungsanlage in die äußerste rechte Stellung bringen
- Kühlerverschluß öffnen
- Ablaßschrauben öffnen (Eine Schraube sitzt hinter dem Kühler unten links, die zweite am Motorblock links in der Nähe des Ölmeßstabes; keine Gewalt anwenden, ggf. mit einem zweiten Schlüssel gegenhalten)

Ausgleichsbehälter entleeren

Kühlsystem reinigen

- Wasserschlauch in den Kühler einführen, Wasserhahn aufdrehen und das Kühlsystem bei laufendem Motor und geöffneten Ablaßhähnen durchspülen

Neue Kühlflüssigkeit auffüllen

- Mischungsverhältnis von 6:4 und Inhalt des Kühlsystems von 9,6 l beachten

Scheibenwaschanlage

Für die Scheibenwaschanlage gilt ähnliches wie für den Kühler. Es muß ständig Wasser im Vorratsbehälter sein, dem im Winter ein Frostschutzmittel (Waschanlagenzusatz) beigegeben wird, damit die Anlage nicht einfriert.

Keilriemen spannen

Der Keilriemen dehnt sich mit der Zeit. Und da er Wasserpumpe und Lichtmaschine antreibt, ist ständig auf seine richtige Spannung zu achten. Andernfalls sind Kühlung des Motors und Stromversorgung der Verbraucher bzw. das Aufladen der Batterie nicht ausreichend gewährleistet. Wir kontrollieren seine Spannung deshalb regelmäßig und spannen ihn gegebenenfalls nach. Das gilt insbesondere für neue Keilriemen. Benötigt wird dazu ein verkürzter Schlüssel mit SW 17 mm.
Das Nachspannen ist relativ einfach. Es erfolgt durch das Schwenken der Lichtmaschine nach außen. Hierzu werden die Muttern am oberen Spannbügel der Lichtmaschine und am Bolzen der Gelenkverbindung unterhalb der Lichtmaschine gelöst und wird die Lichtmaschine mittels Montierhebel oder großem Schraubendreher soweit nach außen gedrückt, bis die richtige Keilriemenspannung erreicht ist. Die Betriebsanleitung nennt hierfür das Maß 10...15 mm bei kräftigem Durchdrücken des Keilriemens. Danach wird die Lichtmaschine wieder ordnungsgemäß befestigt.

Abgasanlage

Die Abgasanlage aller WAS-Typen ist dreigeteilt. Die drei Teile sind zusammengesteckt, mit Schellen versehen und über einen Tragebock und Riemenhaltern federnd am Karosserieboden befestigt. Eine Kontrolle aller Schraubverbindungen auf festen Sitz sowie des Zustandes der Gummiriemenhalter ist bei jeder Durchsicht angebracht.

Befestigungskontrollen Triebwerk

Zylinderkopf: Der Zylinderkopf ist mit 11 Stehbolzen (Bild 3-25) am Motorblock befestigt. Die Kontrolle auf Festsitz wird bei den Garantiedurchsichten des Fahrzeugs von der Vertragswerkstatt vorgenommen. Wer einen Drehmomentenschlüssel besitzt, kann dies alle 20000 km selber tun. Die Anzugsdrehmomente sind für die Schrauben 1...10 = 115 Nm (11,5 kpm) und für Schraube 11 = 38 Nm (3,8 kpm).
Nach dem Abbauen des Ventildeckels (s. Abschn. „Ventile einstellen“) sind alle 11 Schrauben zugänglich. Aber Vorsicht beim Anziehen der Schrauben; sie reißen leicht ab, wenn sie zu stark angezogen werden.

Ansaug- und Auspuffkrümmer: Ansaug- und Auspuffkrümmer werden von 9 Muttern (SW 13 mm) gehalten. Das Nachziehen einiger dieser Muttern ist recht schwierig, da man an sie schlecht herankommt. Bei Verdacht auf Undichtheit in ihrem Bereich informiert man deshalb besser die Vertragswerkstatt.

Lichtmaschine: (s. Abschn. „Keilriemen“)

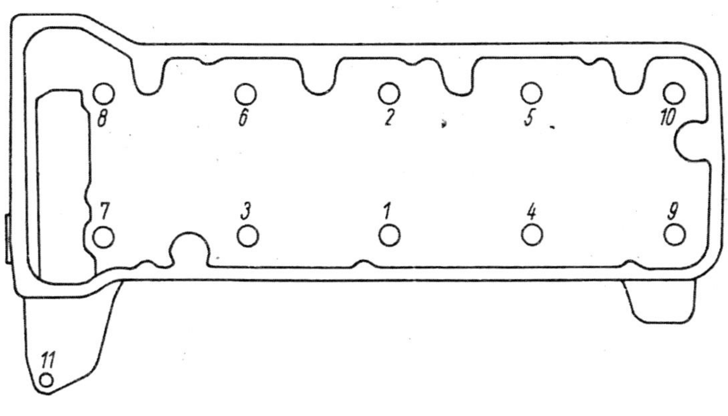

Bild 3-25
Befestigungsschema für die Halteschrauben des Zylinderkopfes

Arbeiten an der Kraftübertragung

Das System der Kraftübertragung – es gehören hierzu Kupplung, Wechselgetriebe, Gelenkwellen, Ausgleichgetriebe und Halbachsen – erfordert in gewissen zeitlichen Abständen gleichfalls eine spezielle Wartung, wobei sich als Schwerpunkt die Versorgung mit neuen Schmiermitteln (Wechselgetriebe, Gelenkwellen und Ausgleichgetriebe) und das Ausgleichen des natürlichen Verschleißes (Kupplung) durch Nachstellen ergeben.

Kupplungsspiel einstellen

Die hydraulisch betätigte Einscheiben-Trokkenkupplung des WAS als Kraftübertragungselement zwischen Motor und Wechselgetriebe erfüllt ihre Aufgaben zuverlässig. Dennoch muß das Kupplungsspiel, d. h. der Leerweg des Kupplungspedals, alle 10 000 km kontrolliert und ggf. korrigiert werden.
Das Kontrollieren des Kupplungsspiels ist auf einfache Weise möglich. Drückt man das Kupplungspedal mit der Hand bis an seinen Druckpunkt nieder, muß sich ein Leerweg von

Bild 3-26 Nachstellvorrichtung der Kupplung; 1 – Stößel, 2 – Einstellmutter, 3 – Kupplungsarbeitszylinder, 4 – Gegenmutter, 5 – Kupplungsausrückhebel

20 bis 30 mm ergeben. Ist das nicht mehr der Fall, muß die Kupplung nachgestellt werden. Der Grund hierfür ist folgender: Mit zunehmender Fahrleistung wird das Kupplungsspiel infolge Abnutzung des Reibbelages auf der Kupplungsscheibe allmählich kleiner. Wird jetzt nicht eingegriffen und das richtige Spiel wieder hergestellt, besteht die Gefahr, daß das Kupplungsdrucklager ständig mit der Kupplung mitläuft, was das Drucklager vorzeitig verschleißen läßt. Gefördert wird der Verschleißprozeß, wenn während der Fahrt der linke Fuß auf dem Kupplungspedal ausgeruht wird.
Ein zu großes Kupplungsspiel macht sich durch erschwertes und meist mit Geräuschen verbundenes Schalten der Gänge, insbesondere beim Einlegen des ersten Ganges (Anfahren) und beim Anhalten (Herausnehmen des gefahrenen Ganges), bemerkbar.
Das Kupplungsspiel wird am Kupplungsarbeitszylinder, der links an der Kupplungsglocke montiert und am besten von unten zu erreichen ist, eingestellt (Bild 3-26). Ein Drehen der Einstellmutter am Stößel nach links vergrößert das Kupplungsspiel, ein Drehen derselben nach rechts verkleinert es. Abschließend wird die Einstellmutter mit der Gegenmutter wieder gesichert. Ein gelegentliches leichtes Einfetten des Gewindes auf dem Stößel erleichtert das Nachstellen der Kupplung (s. auch Bild 4–7).

Schaltgetriebeöl wechseln

Der Pflegeaufwand für das Schalt- oder Wechselgetriebe ist relativ gering. Alle 10 000 km ist der Ölstand zu kontrollieren und alle 30 000 km das Öl zu erneuern.
Zur Kontrolle des Ölstandes wird die seitlich am Getriebegehäuse sitzende Verschlußschraube mit dem im Bordwerkzeug vorhandenen Innensechskant (SW 12 mm) herausgedreht. Läuft hierbei – vorausgesetzt, das Fahrzeug steht auf ebener Fläche – Öl heraus, ist genügend Öl im Getriebe vorhanden. Anderenfalls wird Öl nachgefüllt, bis der Ölstand die Unterkante der Einfüllöffnung erreicht hat und das Öl herauszulaufen beginnt. Verwendet wird das Getriebeöl GH 125.
Ein Ölwechsel – auch hier wieder wie beim

Motor im betriebswarmen Zustand des Getriebes, am besten nach einer Fahrt – ist schon etwas aufwendiger, muß das neue Öl doch in die schon erwähnte seitlich sitzende Einfüllöffnung hineingegeben werden, und zwar insgesamt 1,35 Liter. Aber auch das ist zu schaffen. Sowohl zum Auffüllen des Ölvorrats im Getriebe als auch zum Neufüllen des Getriebes mit Öl eignet sich eine Handölspritzkanne, deren Austrittsröhrchen leicht gebogen ist, recht gut. Vorher ist natürlich das Altöl abzulassen. Die hierfür zu öffnende Ölablaßschraube hat die Schlüsselweite Innensechskant 12 mm.

Jede Ölstandskontrolle sowie jeder Ölwechsel werden mit dazu benutzt, das Getriebe auf Festsitz und auf Dichtheit zu überprüfen. Hierzu sind die Befestigungsschrauben des unteren Deckels und die Halteschrauben des Getriebes nachzuziehen. Ist dennoch ein Ölverlust zu erkennen, empfiehlt es sich, das Getriebe äußerlich mit Waschbenzin oder Kraftstoff zu reinigen und nach dem Abstellen des Fahrzeugs einen Bogen Zeitungspapier unter das Getriebe zu legen. Auf dem Zeitungspapier markieren sich die Öltropfen, und man kann die Maßnahmen einleiten, die im Abschnitt „Getriebe verliert Öl" beschrieben sind.

Gelenkwellen abschmieren

Die Gelenkwelle – sie überträgt die vom Motor entwickelte Kraft vom Wechsel- oder Schaltgetriebe zur Hinterachse – ist beim WAS geteilt ausgeführt. Die vordere Gelenkwelle mündet in einer Längsverzahnung, dem sogenannten Schiebestück, im Nutenflansch. Dieses Schiebestück ist alle 30 000 km abzuschmieren, und zwar mit Ceritol + K 3.

Zum Abschmieren wird der im Bild 3-27 gekennzeichnete Verschlußstopfen herausgeschraubt und an seiner Stelle ein Schmiernippel mit dem Gewinde M 10 eingesetzt. Dadurch ist das Abschmieren mit der Handfettpresse möglich. Nach dem Abschmieren wird der Verschlußstopfen wieder eingeschraubt; er dichtet besser ab als ein Schmiernippel.

Beim Abschmieren der Gelenkwelle werden die Befestigungsschrauben an den Flanschen nachgezogen.

Bild 3-27 Nutenflansch der vorderen Gelenkwelle mit Verschlußstopfen

Ausgleichgetriebeöl wechseln

Für das Ausgleichgetriebe (Hinterachse) gilt das gleiche wie für das Wechselgetriebe: Kontrolle und Ergänzung des Ölstandes alle 10 000 km, Erneuerung des Öles alle 30 000 km. Nachgefüllt bzw. neu aufgefüllt wird das Getriebeöl GH 125, beim Ölwechsel ingesamt 1,3 Liter.

Zur Kontrolle des Ölstandes wird die obere Verschlußschraube (SW 17 mm) herausgedreht und festgestellt, wie hoch das Öl im Getriebegehäuse steht. Reicht es bis zur Unterkante der Einfüllöffnung, ist genügend Öl vorhanden. Andernfalls wird die fehlende Ölmenge nachgefüllt.

Ähnlich verläuft der Ölwechsel. Der einzige Unterschied: Zusätzlich ist die Ölablaßschraube (Innensechskant 12 mm) herauszudrehen und, nachdem das Altöl abgeflossen ist, wieder einzudrehen, bevor das neue Getriebeöl GH 125 in die obere Öffnung des Getriebegehäuses eingefüllt wird.

Arbeiten am Fahrwerk

Vom Fahrwerk, d. h. von Lenkung, Achsen, Rädern, Reifen und Bremsanlage, wird die Verkehrssicherheit jedes Kraftfahrzeugs entscheidend mitbestimmt. Wir kontrollieren diese Baugruppen deshalb besonders gewissenhaft auf Funktion, Festsitz und Verschleiß und sorgen im übrigen sofort für fachliche Beseitigung der uns ggf. auffallenden Mängel. Einiges können wir daran jedoch auch selbst tun und zwar folgendes:

Befestigungskontrolle Vorderachse

Die exakte Führung der Vorderräder und damit der feste Sitz aller Teile der Vorderradaufhängung sind von großer Bedeutung für die Verkehrssicherheit des Fahrzeugs. Auf festen Sitz geprüft ggf. nachgezogen werden deshalb bei jeder Durchsicht die Schraubenverbindungen (meist SW 22 mm)

- an der unteren Querlenkerachse,
- an den unteren Querlenkerbolzen,
- an der oberen Querlenkerachse,
- an den oberen und unteren Kugelgelenken,
- am Querstabilisator,
- an den Stoßdämpfern,
- am Tragarm (Lagerung des Pendelhebels),
- am Pendelhebel.

Bild 3-28 gibt einen Überblick über die Lage dieser Schraubverbindungen, die Anlage 1 nennt die jeweils einzusetzenden Anzugsdrehmomente bei Verwendung eines Drehmomentenschlüssels. Wer ohne Drehmomentenschlüssel auskommen muß, muß schon mit einem Ringschlüssel arbeiten und hierbei ordentlich Kraft einsetzen, um wenigstens annähernd die vorgeschriebenen Anzugsdrehmomente zu erreichen.

Lenkung einstellen

Ein zu großes Spiel im Lenksystem ergibt sich ausschließlich durch Verschleiß. Es soll, gemessen am Lenkrad, nicht größer als 5° = 18 bis 20 mm sein. Bemerkbar macht sich der Verschleiß durch Vergrößerung des toten Weges am Lenkrad. Die Ursachen können

- zu großes Spiel im Lenkgetriebe,
- falsche Einstellung der Radlager,
- Verschleiß der oberen und unteren Kugellager der Querlenker,
- Verschleiß der Spurstangengelenke oder
- zu großes Spiel in der Lagerung der Querlenker

sein. Die sich daraus ergebenden Maßnahmen sind in der Regel folgende:

Lenkgetriebe: Die Drehbewegung des Lenkrades wird im Lenkgetriebe (Bild 3-29) von der Lenkschnecke auf die Welle des Lenkstockhebels und damit auf den Lenkstockhebel übertragen. In diesem System ist ein gewisses Spiel notwendig. Macht sich dieses Spiel jedoch in einem größeren Leerweg des Lenkrades bemerkbar, ist es mit Sicherheit zu groß geworden und muß korrigiert werden. Und das ist auf folgende Art möglich: Das Fahrzeug

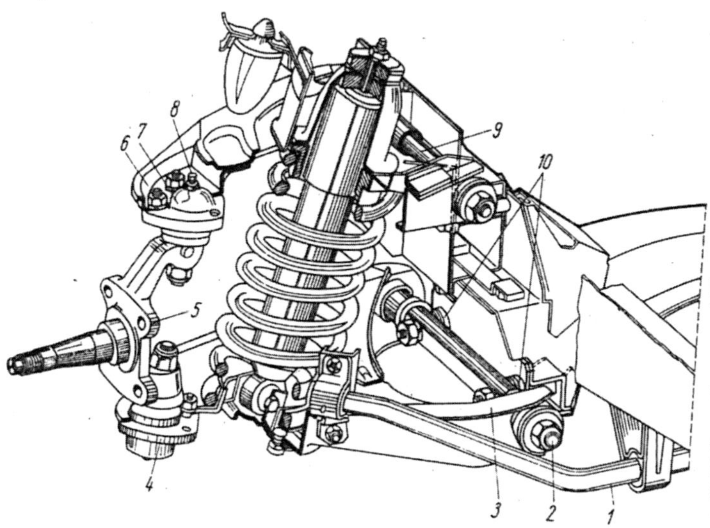

Bild 3-28
Vorderradaufhängung;
1 – Querstabilisator, 2 – untere Querlenkerachse, 3 – unterer Querlenker, 4 – unteres Kugelgelenk, 5 – Achsschenkel, 6 – oberer Querlenker, 7 – oberes Kugelgelenk, 8 – Verschlußstopfen, 9 – obere Querlenkerachse, 10 – Einstellscheiben

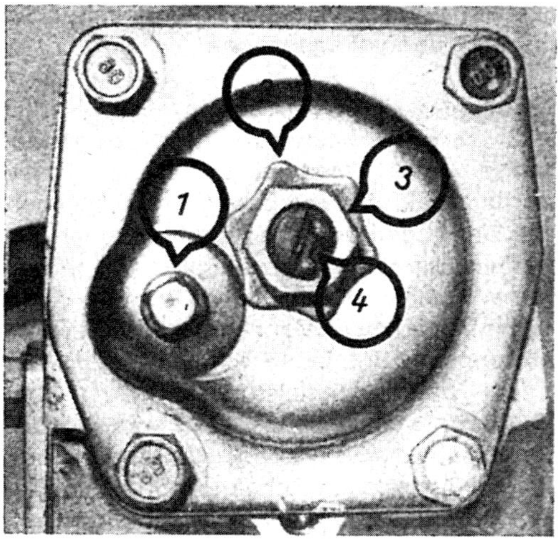

Bild 3-29 Lenkgetriebe; 1 – Öleinfüllschraube, 2 – Sicherungscheibe, 3 – Gegenmutter, 4 – Einstellschraube

wird vorn in der Mitte angehoben, und zwar so weit, daß beide Räder vom Boden abheben und sich die Lenkung somit leicht betätigen läßt. Jetzt wird die Gegenmutter auf dem Deckel des Lenkgetriebes gelöst, die darunterliegende Sicherungsscheibe angehoben und mit der geschlitzten Einstellschraube (mit Hilfe eines Schraubendrehers) bei Geradeausstellung der Räder das Lenkspiel von einem Helfer korrigiert. Ein Hineindrehen dieser Schraube verkleinert das Spiel. Man selbst bewegt während des Einstellens das Lenkrad, und zwar immer wieder über die Geradeausstellung der Räder hinaus, ständig hin und her, bis die Lenkung spürbar schwerer geht. Aber Vorsicht! Bei zu straffer Einstellung des Lenkgetriebes wird das den Vorderrädern innewohnende Rückstellmoment negativ beeinflußt. Während der Fahrt sind dann ständig schwergängige Korrekturen am Lenkrad notwendig. Infolgedessen wählt man die Einstellung so, daß sich das Lenkrad und damit die Lenkung normal betätigen läßt. Abschließend wird die Einstellschraube wieder mit der Gegenmutter und dem Sicherungsblech gesichert. Bei der anschließend notwendigen Probefahrt merkt man, ob das gewählte Lenkungsspiel das richtige ist. Andernfalls ist das Spiel erneut zu korrigieren.
Den Ölstand im Lenkgetriebe kontrolliert man ggf. mit Hilfe eines Papierstreifens. Das Öl kann bis zur Unterkante des Gehäuses reichen.

Kugelgelenke: Die oberen und unteren Kugelgelenke (Bild 3-30), vom Fahrzeughersteller bis 50 000 km als wartungsfrei bezeichnet, verschleißen, wie die praktische Erfahrung gezeigt hat, infolge ihrer hohen Beanspruchung schneller. Die Lebensdauer der unteren Kugelgelenke läßt sich jedoch erhöhen, wenn sie alle 15 000 km oder einmal jährlich abgeschmiert werden. Dazu wird der Verschlußstopfen herausgeschraubt und an seine Stelle ein Schmiernippel M 6 eingesetzt, an dem die Handfettpresse angesetzt wird. Es genügt, etwa 5...10 g Ceritol + K 3 einzubringen.
Die Verschleißkontrolle der Kugelgelenke ist recht kompliziert. Am einfachsten läßt sie sich noch im Fahrbetrieb durchführen, in dem bewußt darauf geachtet wird, ob ein leichtes Poltern im Vorderwagen (an der Vorderachse) zu hören ist. Ist das der Fall, muß mit einem Zustand der Kugelgelenke gerechnet werden,

Bild 3-30
Kugelgelenk komplett (oben) und demontiert (unten);
1 – Verschlußstopfen,
2 – obere Gelenkschale,
3 – Zwischenscheibe,
4 – obere Halbkugel,
5 – Staubkappe,
6 – untere Gelenkschale,
7 – Gummiring,
8 – Bolzen mit unterer Halbkugel

der ein Erneuern erforderlich macht. Ist das nicht der Fall, kann man annehmen, daß die Kugelgelenke noch in Ordnung sind.
Der Verschleiß der Kugelgelenke läßt sich natürlich auch messen. Hierzu müssen allerdings die zu prüfenden Gelenke einzeln belastet werden. Das ist möglich durch Unterstellen von passenden Holzstücken beim oberen Kugelgelenk unter den oberen Querlenker und beim unteren Kugelgelenk unter die Radnabe. Rüttelt man nun am oberen Kugelgelenk und stellt hierbei ein größeres Spiel (mehr als 0,8 mm) fest, sollte das Kugelgelenk erneuert werden.
Beim unteren Kugelgelenk mißt man dagegen nach Herausschrauben des Verschlußstopfens mit einem Tiefenmaß den Abstand zwischen Stirnfläche der Gelenkkapsel und Kugelbolzen. Liegt das Meßergebnis über 11,8 mm, muß das Kugelgelenk gleichfalls erneuert werden. Im Abschnitt „Klappergeräusche im Vorderwagen" sind die dazu auszuführenden Arbeitsgänge beschrieben.

Spurstangengelenke: Die Spurstangengelenke, vom Hersteller mit einer Fettfüllung versehen, die durch Gummimanschetten gegen Schmutz und Feuchtigkeit geschützt ist, sind wartungsfrei. Sie können weder abgeschmiert noch nachgestellt werden.
Zu viel Spiel in der Lenkung kann als Ursache ausgeschlagene Spurstangengelenke haben. Bild 3-31 zeigt ein solch ausgeschlagenes Exemplar. Seine Kugel findet nur noch ganz wenig Halt im Kugelkopf. Dieses Bild möge deutlich machen, wie notwendig es ist, bei jeder Selbstdurchsicht des Fahrzeugs auch die Spurstangengelenke mit der notwendigen Aufmerksamkeit zu betrachten. Im Abschnitt „Lenkung hat zuviel Spiel" wird näher auf diesen Mangel eingegangen.

Pendelhebel: Aufgabe des Pendelhebels (Bild 3-32) ist es, als Abstützung für die Spurstangen zu dienen. Seine Achse ist in zwei Kunststoffbüchsen im Lagerbock drehbar gelagert und der Lagerbock mit zwei Schrauben am rechten Hilfsrahmen befestigt. Die Lagerung ist nach beiden Seiten durch je einen Gummiring abgedichtet. Der Pendelhebel ist somit wartungsfrei. Im Laufe der Zeit, und zwar meist nach Laufleistungen von über 50 000 km, stellt sich an der Lagerung des Pendelhebels aber dennoch Verschleiß ein; das Spiel zwischen Achse und Buchsen hat sich vergrößert. Die obere Befestigungsmutter des Pendelhebels – im Bild nicht zu erkennen – dient in einem solchen Fall als Einstellmutter. Hierzu wird der Splint entfernt und die Mutter so weit nachgezogen, bis der nächste Kroneneinschnitt der Mutter das Splintloch freigibt und die Mutter in dieser Stellung mit einem neuen Splint wieder gesichert.
Eine Schwergängigkeit des Pendelhebels (knarrendes Geräusch beim Lenken) läßt sich beheben, indem man die Nachstellmutter vollständig abschraubt, den Pendelhebel mit seiner Achse aus dem Lagerbock etwa zur Hälfte herauszieht, Achse und Lagerbuchse sorgfältig mit Fett bestreicht, alles wieder zusammenbaut und neu sichert.
Allgemein gilt: Die Nachstellmutter ist in beiden Fällen so einzuregulieren, daß sich der Pendelhebel spielfrei in seiner Lagerung bewegt. Wird sie zu fest angezogen, tritt die gleiche Erscheinung auf, als sei das Lenkgetriebe zu straff eingestellt.

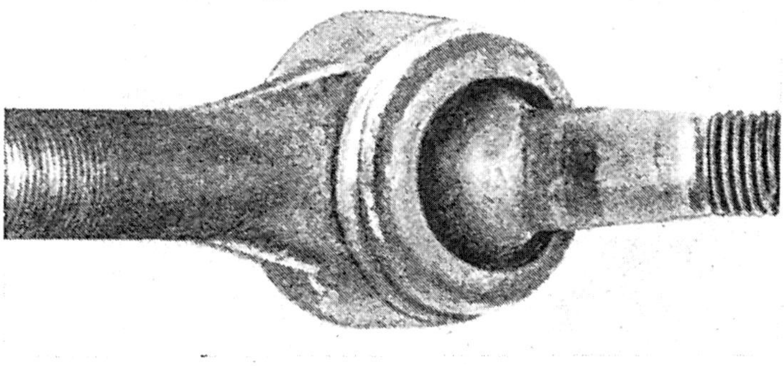

Bild 3-31
Verschlissenes Spurstangengelenk; die Kugel findet nur noch ganz wenig Halt in der Pfanne

Bild 3-32 Pendelhebel mit Lagerung; 1 – rechte Spurstange, 2 – Tragarm, 3 – mittlere Spurstange, 4 – Pendelhebel mit Befestigungsschraube, 5 – Längsträger, 6 – Lagerbock

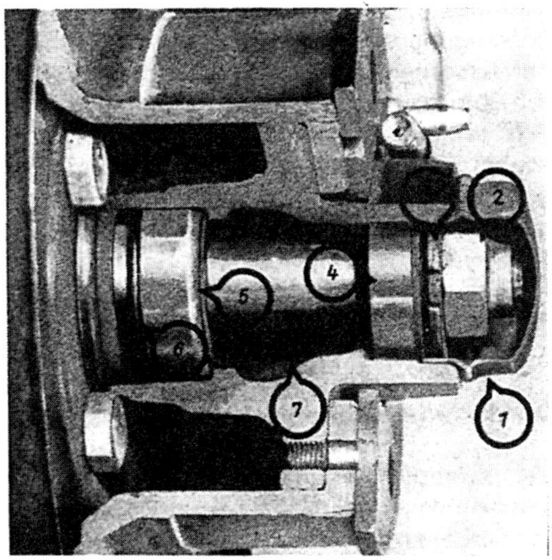

Bild 3-33 Radlagerung, geschnitten; 1 – Radnabenkappe, 2 – Radmutter, 3 – Zahnscheibe, 4 – vorderes Rollenlager, 5 – hinteres Rollenlager, 6 – Simmering, 7 – Achsschenkelzapfen

Radlager einstellen

Unstimmigkeiten im Lenksystem können auch auf Unstimmigkeiten in der Radlagerung zurückzuführen sein. Bild 3-33 zeigt den Aufbau der Radnabe einschließlich Radlagerung.
Um das Radlagerspiel kontrollieren zu können, muß das Fahrzeug so weit angehoben werden – natürlich mit einem Unterstellbock und Vorlegeklötzen an den gegenüberliegenden Rädern gegen ein Wegrollen gesichert –, bis sich das zu prüfende Rad frei drehen läßt. Nunmehr wird das Rad – besser nur die Radnabe nach Abnahme des Rades – in axialer Richtung hin und her bewegt und dabei die Radnabe ständig gedreht. Läßt sich die Radnabe hierbei etwas vor- oder zurückdrücken, kann das Radlagerspiel zu groß sein. Aber Vorsicht! Das muß nicht so sein. Die Radlager müssen ein bestimmtes Spiel, und zwar von maximal 0,15 mm, haben und sind dennoch richtig eingestellt.
Das Nachstellen der Radlagerung wird alle 10 000 km empfohlen. Hierzu muß zunächst einmal die Radnabenkappe abgenommen werden. Danach wird die Achsmutter heruntergedreht und die neue Achsmutter – die alte darf nicht wieder verwendet werden, sie läßt sich nicht mehr sichern – mit einem Drehmoment von 20 Nm (2 kpm) angezogen. Nunmehr wird die Radnabe mehrmals hin und her gedreht, die Achsmutter wieder etwas gelöst und erneut mit 7 Nm (0,7 kpm) angezogen. Ist das geschehen, wird die Achsmutter abermals um 20 ... 25° gelöst. Das ergibt das notwendige Radlagerspiel von 0,02 ... 0,08 mm. In dieser Stellung wird die Radmutter nun verstemmt; d. h., ihr Rand wird mit einer Spezialzange oder mit einem Stemmer (einem Flachmeißel, bei dem die Schneide abgestumpft wurde) in die Aussparungen der Achse gedrückt und so gegen ein Verdrehen gesichert. Zu straff eingestellte Radlager führen zur Zerstörung der Radlager, ein zu großes Spiel in den Radlagern beeinflußt das Fahrverhalten des Fahrzeugs negativ. Aus diesem Grunde empfehlen wir, die Radlagerspiele stets in der Vertragswerkstatt einstellen zu lassen.
Das bereits erwähnte Neueinfetten der Radlagerung – es wird hierfür Ceritol-Abschmierfett verwendet, das in einer Menge von ca. 40 g gleichmäßig verteilt wird – geht so vor sich: Radnabenkappe abnehmen, Achsmutter ab-

schrauben, Zahnscheibe abnehmen, zwei Befestigungsschrauben am Bremssattelträger herausdrehen, Bremssattel von der Bremsscheibe abziehen. Radnabe abnehmen, altes Fett entfernen, Radnabe mit Waschbenzin sauber auswaschen und neues Fett hineingeben. Der Zusammenbau erfolgt in umgekehrter Reihenfolge, wobei das Radlagerspiel wieder neu eingestellt werden muß. Zum Schluß wird die Radnabenkappe, ebenfalls mit neuen Fett versehen, eingeschlagen.

Vorderradeinstellwinkel korrigieren

Die Kontrolle der Vorderradeinstellwinkel, insbesondere von Nachlauf und Spreizung, überläßt man der Vertragswerkstatt oder einer Diagnosestation. Es sind hierfür optische Meßgeräte erforderlich. Gleiches gilt für die Kontrolle von Radsturz und Vorspur, wenn hierfür keine Voraussetzungen bestehen, also keine Meßgeräte vorhanden sind. Wer sich aber dennoch auf letzterem Gebiet betätigen möchte, muß zunächst einmal dafür sorgen, daß der Reifeninnendruck in Vorder- und Hinterrädern stimmt, daß die Felgen in Ordnung sind, daß die Radlagerspiele die richtigen Werte aufweisen, daß die Kugelgelenke der Querlenker sowie die Spurstangen und Spurstangenhebel nicht ausgeschlagen sind und daß das Lenkgetriebe richtig eingestellt ist. Ferner muß die Möglichkeit gegeben sein, das Fahrzeug auf einer völlig ebenen Fläche abzustellen. Erst danach kann die Meßvorrichtung angesetzt werden und das Messen beginnen. Letzteres geschieht wie folgt:

Radsturz: Bild 3-34 zeigt die in den Werkstätten verwendete Meßvorrichtung für die Ermittlung des Radsturzes in angesetztem Zustand. Der Radsturz stimmt, wenn das Lot an der unteren Felgenkante einen Abstand zur Senkrechten des Lotes von ca. 3 mm anzeigt, das Rad in seiner oberen Hälfte also etwas nach außen geneigt ist. Gemessen wird bei unbelastetem Fahrzeug.

Wer kein derartiges Gerät besitzt, kann den Radsturz auch auf folgende Art und Weise ermitteln: An einer Schnur entsprechender Länge wird ein Lot befestigt und die Schnur mit Knetmasse genau oberhalb der Radmitte

Bild 3-34 Messen des Radsturzes

an die Kotflügelkante geklebt. Werden nunmehr, nachdem das Lot völlig ruhig hängt, der obere und der untere Abstand zwischen Schnur und Felgenkante gemessen, muß der untere Abstand um die schon erwähnten ca. 3 mm größer sein. Nunmehr wird das Fahrzeug soweit nach vorn geschoben, bis sich die Räder um genau 180° gedreht haben, und die Abstände werden erneut gemessen. Ergibt sich auch hierbei zwischen der Schnur und der unteren Felgenkante ein um ca. 3 mm größerer Abstand als zwischen Schnur und oberer Felgenkante, stimmt der Radsturz.

Das ggf. notwendige Korrigieren des Radsturzes wird in Selbsthilfe nicht empfohlen; denn derselbe kann nur durch Beilegen oder Hinwegnehmen von speziellen Einstellscheiben am unteren Querlenker (s. Bild 3-28) korrigiert werden. Das Entfernen der gleichen Anzahl von Einstellscheiben an beiden Schrauben einer Seit vergrößert den Radsturz, das Hinzufügen der gleichen Anzahl von Einstellscheiben an den beiden Schrauben einer Seite verringert ihn. Eine Einstellscheibe von 0,5 mm Dicke verändert den Radsturz jeweils um 10′ = ca. 1 mm.

Vorspur: Die Kontrolle der Vorspur der Vor-

Bild 3-35 Messen der Vorspur

derräder ist bei Vorhandensein der schon genannten Einstellvoraussetzungen gleichfalls nur mit einem speziellen Meßgerät (Spurmaß) möglich. Die Spur stimmt, wenn die Vorderräder, gemessen an den Felgenkanten in Achshöhe, vorn um 3 bis 5 mm näher zueinanderstehen als hinten. Bild 3-35 zeigt ein Spurmaß, wie es die Werkstätten verwenden, in angesetztem Zustand.

Zum Messen der Vorspur wird das Spurmaß zunächst an der Rückseite der Vorderräder angesetzt, werden die beiden Meßpunkte mit Kreide markiert und wird schließlich das ermittelte Maß notiert. Danach wird das Fahrzeug soweit nach vorn geschoben, bis sich die Räder um genau 180° gedreht haben und wird nunmehr hier das Maß an den markierten Stellen der Felgenkanten abgenommen. Gemessen wird gleichfalls bei unbelastetem Fahrzeug. Es muß (s. Anlage 1) 9 bzw. 4 mm ± 1 mm betragen.

Die ggf. notwendige Korrektur der Vorspur wird durch Veränderung der Längen der linken und rechten Spurstange vorgenommen. Dazu werden zunächst die vier Spannschellen (Bild 3-36 zeigt die zwei Spannschellen der linken Spurstange) der linken und der rechten Einstellmuffe gelockert und werden beide Einstellmuffen um jeweils den gleichen Betrag, aber in entgegengesetzter Richtung, gedreht, was die Längen der äußeren Spurstangen verändert. Wird das Spurmaß nunmehr erneut hinter und vor den Vorderrädern angesetzt und hierbei an den markierten Stellen das Maß abgenommen, zeigt sich, ob der richtige Wert erreicht ist. Wenn nicht, werden die Einstellmuffen erneut etwas gedreht und werden die Maße nochmals abgenommen, bis dieselben wirklich stimmen. Abschließend sind die Schrauben der vier Spannschellen wieder festzuziehen.

Bild 3-36 Die Vorspur wird an den Spurstangen korrigiert; hier die linke Spurstange (1) mit Spannhülsen (2) und Einstellmuffe (3)

Stoßdämpfer kontrollieren

Die Funktionstüchtigkeit der Stoßdämpfer, deren Aufgabe es ist, die durch die Fahrbahnunebenheiten hervorgerufenen Fahrzeugschwingungen zu dämpfen, ist für die Verkehrssicherheit von besonderer Bedeutung. Infolgedessen verdienen bei den technischen Selbstdurchsichten des Fahrzeugs auch die Stoßdämpfer unsere Aufmerksamkeit, denn defekte Stoßdämpfer führen zum „Schwimmen" des Fahrzeugs, insbesondere dann, wenn nur ein Stoßdämpfer einer Achse in seiner Dämpfkraft nachgelassen hat bzw. ganz ausgefallen ist.
Die Funktionstüchtigkeit der Stoßdämpfer können wir nur zum Teil beurteilen, und zwar nur durch eine Sichtkontrolle. Glänzt die Schmutzschicht am unteren Teil des Stoßdämpfers feucht und fettig, verliert dieser Dämpfer mit Sicherheit Öl und muß erneuert werden. Sind die Stoßdämpfer dagegen mit einer trockenen Schmutzschicht überzogen, funktionieren sie in der Regel.
Bei Fahrzeuglaufleistungen von ca. 30 000 km ist das Erneuern eines defekten Stoßdämpfers nicht mehr empfehlenswert; auch alle anderen Dämpfer sind soweit verschlissen, daß sie zumindest achsweise (paarweise) erneuert werden sollten. Die notwendigen Einzelheiten hierzu enthalten die Abschnitte „Hinterachse macht unnormale Geräusche" und „Klappergeräusche im Vorderwagen".

Räder und Reifen kontrollieren

In diesem Abschnitt ist vorausgesetzt, daß die Räder auf Festsitz und die Reifen auf eingefahrene Fremdkörper regelmäßig kontrolliert werden. Übrig bleibt somit nur noch die Kontrolle von Felgen und Reifen.

Felgen: Die Felgen, auch Scheibenräder genannt, bedürfen keiner Wartung. Sie sind aber von Zeit zu Zeit auf Beschädigungen (Beulen) durch das Anfahren an Bordsteinkanten sowie auf den Zustand ihrer Befestigungslöcher (Koni) zu kontrollieren. Die Felgenkoni werden relativ leicht durch das übertrieben kräftige Anziehen der Radmuttern beschädigt, was zum Verspannen der Felge und somit nicht selten zum unrunden Lauf des betreffenden Rades führt. Ansonsten sollte man sich merken: Radmuttern werden immer über Kreuz angezogen!

Tabelle 3–3: Reifenverschleißmerkmale und ihre Ursachen

Erscheinung am Reifen	Mögliche Fehler
Profilmitten nutzen sich stärker ab als Profilseiten	Reifeninnendruck zu groß
Profilseiten nutzen sich stärker ab als Profilmitten	Reifeninnendruck zu klein
Gratbildung am Profil am gesamten Reifenumfang in Querrichtung	Vorspur falsch eingestellt
Profil läuft am gesamten Umfang außen stärker ab	Radsturz zu groß
Profil läuft am gesamten Umfang innen stärker ab	Radsturz zu klein
Muldenartige Vertiefungen im Profil, meist paarweise am Radumfang gegenüberliegend	Unwucht im Rad, Stoßdämpfer defekt

Reifen: Die Reifen verdienen aus Gründen der Verkehrssicherheit des Fahrzeugs und nicht zuletzt auch aus ökonomischer Sicht besondere Aufmerksamkeit, kostet doch ein Satz Radialreifen beispielsweise 1050,– Mark. Infolgedessen
- fährt man stets mit dem richtigen Reifeninnendruck,
- behebt technische Mängel am Fahrwerk, die den Reifenverschleiß beschleunigen, sofort und
- paßt die Fahrweise stets den Verkehrsbedingungen an.

Das hilft, die charakteristischen Reifenschäden zu vermeiden, deren Merkmale in Tabelle 3-3 zusammengestellt sind (s. auch Abschnitt „Unnormaler Reifenverschleiß").

Räder: Im Zusammenhang mit den Ursachen für den Reifenverschleiß sind die in den Rädern steckenden Unwuchten zu sehen. Auch wenn die Räder des neuen WAS ausgewuchtet montiert werden, ist es dennoch ratsam,

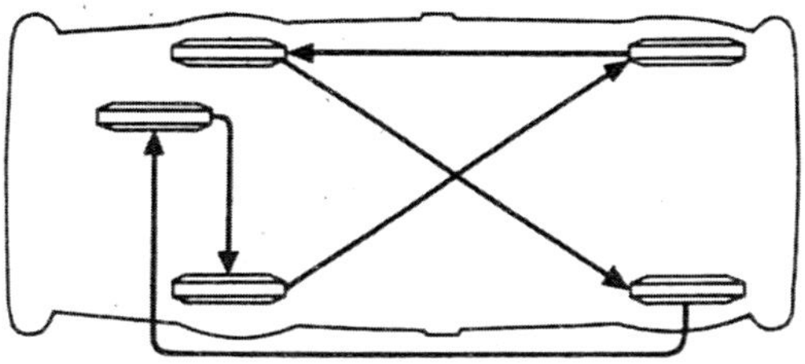

Bild 3-37 Schema für den Rädertausch nach jeweils etwa 10000km Laufleistung des Fahrzeugs

sie alle 10000km neu auswuchten und bei dieser Gelegenheit auch gleich den Radtausch vornehmen zu lassen, wie ihn Bild 3-37 zeigt.

Bremsanlage warten

Arbeiten an der Bremsanlage erfordern die größte Gewissenhaftigkeit bei der technischen Selbstdurchsicht des Fahrzeugs, hängt doch hiervon die eigene Sicherheit und u. U. auch die Sicherheit der anderen Verkehrsteilnehmer ab. Darum auch zunächst ein Überblick darüber, welche Kontroll- und Einstellarbeiten an der Bremsanlage in gewissen zeitlichen Abständen erforderlich sind:

- Kontrolle der Bremswirkung (Bremsprobe)
- Kontrolle des Bremsflüssigkeitsstandes in den Vorratsbehältern
- Kontrolle der Bremsanlage auf Durchsicht
- Kontrolle der Bremsbacken der vorderen Radbremsen
- Kontrolle der Bremsbacken der hinteren Radbremsen
- Einstellen der hinteren Radbremsen
- Einstellen der Handbremse

Sehen wir uns an, was wir davon wissen müssen bzw. welche Arbeiten wir wie auszuführen haben.

Kontrolle der Bremswirkung: Die Straßenverkehrs-Ordnung (StVO) sagt eindeutig, daß vor Antritt einer Fahrt eine Bremsprobe zu machen ist mit dem Ziel, ob die Betriebsbremse (Fußbremse) einwandfrei funktioniert und somit alle Räder des Fahrzeugs gleichmäßig abgebremst werden. Die Straßenverkehrs-Zulassungs-Ordnung (StVZO) nennt die hierbei zu erreichenden Werte; und zwar bei einer Geschwindigkeit von 30km/h 6,9m mit der Betriebsbremse und 17,3m mit der Handbremse. Aber Vorsicht bei jeder Bremsprobe auf öffentlichen Straßen! Die nachfolgenden Verkehrsteilnehmer dürfen hierbei keinesfalls gefährdet werden.

Kontrolle des Bremsflüssigkeitsstandes: Die drei Vorratsbehälter im Motorraum – zwei für die Bremsanlage und einer für die Kupplung – sind durchsichtig. Man sieht dadurch mit einem Blick, wo sich die Bremsflüssigkeit, die ja bekanntlich bis an den unteren Rand des Einfüllstutzens reichen soll, markiert. Ist das nicht der Fall, wird Bremsflüssigkeit der im Bremssystem befindlichen Sorte nachgefüllt und anschließend die Ursache für das Absinken des Flüssigkeitsstandes ermittelt.
Die Kontrolle des Flüssigkeitsstandes in allen drei Vorratsbehältern ist im Prinzip vor jeder Fahrt, zumindest aber alle 5000km erforderlich. Bei den Fahrzeugtypen 21011, 2103 und 2106 signalisiert eine elektrische Anzeige im Kombigerät der Instrumententafel, gekoppelt mit der Handbremskontrolle, Unstimmigkeiten hieran.
Keine Bremsflüssigkeit, weder die rote sowjetische noch die blaue oder grüne aus der DDR-Produktion, ist übrigens unbegrenzt verwendbar. Durch Feuchtigkeitsaufnahme aus der Atmosphäre, durch Verunreinigung usw. ist es notwendig, sie etwa alle zwei Jahre – bei der grünen Bremsflüssigkeit aus der DDR-Produktion sogar schon nach einem Jahr – zu erneuern. Hierzu wird zunächst die in den Vorratsbehältern vorhandene Bremsflüssigkeit abgesaugt, neue Bremsflüssigkeit eingefüllt und danach der sich in den Bremsleitungen und Bremszylindern befindliche Anteil mit Hilfe des Brems- bzw. Kupplungspedals bei geöffneten Entlüftungsschrauben herausgepumpt. Anschließend wird die neue Bremsflüssigkeit eingefüllt und die Bremsanlage entlüftet. Die notwendigen Arbeitsgänge hierzu sind im Abschnitt „Bremspedal läßt sich zu weit durchtreten" beschrieben.
Die sowjetische rote Bremsflüssigkeit, mit der die Bremsanlagen aller neuen WAS-Typen gefüllt sind, läßt sich nach einer im Jahre 1975 vom VEB Imperhandel, dem Importeur der Fahrzeuge, gegebenen Information mit der in der DDR hergestellten blauen bzw. grünen

Bremsflüssigkeit mischen. Alle drei Bremsflüssigkeiten sind nach dem gleichen RGW-Standard RS 1305-68 hergestellt.

Kontrolle auf Dichtheit: Die Dichtheit der Bremsanlage überprüft man, indem kräftig auf das Bremspedal getreten und die erreichte Stellung des Bremspedals 1 ... 2 Minuten lang beibehalten wird. Das Bremspedal darf sich hierbei nur etwa 1/3 seines Weges von insgesamt 140 mm durchtreten lassen und während der Prüfzeit nicht weiter nachgeben. Wird diese Bedingung erfüllt, kann angenommen werden, daß die Bremsanlage dicht ist. Beim WAS 2103 wird diese Prüfung bei im Leerlauf drehenden Motor durchgeführt. Der hier vorhandene Bremskraftverstärker würde sonst nicht wirksam werden.
Ist der Bremspedalweg größer als 1/3 des Gesamtpedalweges und am Bremspedal dennoch ein konstanter Druck vorhanden, müssen die hinteren Radbremsen (außer beim Typ 2103) nachgestellt werden. Das Einstellen dieser Bremsen ist unter dem Stichwort „Einstellen der hinteren Radbremsen" beschrieben.
Steht das Bremspedal nach dem Durchtreten nicht exakt fest bzw. wird der Pedalweg bei mehrmaligem Durchtreten des Pedals kleiner, ist Luft in der Bremsanlage. Die Bremsanlage muß in diesem Falle entlüftet werden. Im Abschnitt „Bremspedal läßt sich zu weit durchtreten" sind die hierfür notwendigen Arbeitsgänge beschrieben.
Gibt das Bremspedal während der Prüfung langsam nach und bleibt der Druck auch bei mehrmaligem kurz hintereinander erfolgendem Betätigen des Bremspedals nicht konstant, ist die Bremsanlage mit Sicherheit irgendwo undicht. In einem solchen Fall ist die Vertragswerkstatt aufzusuchen und hier der Schaden beheben zu lassen.

Kontrolle der vorderen Radbremsen: Die Kontrolle erstreckt sich vor allem auf die noch vorhandene Dicke der Bremsbeläge und auf den Zustand der Bremsscheiben. Zu dieser Kontrolle, die alle 10 000 km durchgeführt werden sollte, ist es zweckmäßig, die Bremsbacken auszubauen. Die Beurteilung von Bremsbelägen und Bremsscheiben ist dann leichter möglich.

Bremsbacken ausbauen: Das Fahrzeug wird zunächst ordnungsgemäß verkeilt, vorn angehoben und aufgebockt. Danach werden die Vorderräder abgenommen. Nunmehr werden die Sicherungssplinte der Befestigungsbolzen nach innen durchgeschlagen und abschließend die Haltefedern der Bremsbacken entfernt. Jetzt lassen sich die Bremsbacken nach hinten herausziehen. Hierbei ist jedoch darauf zu achten, daß dieselben, wenn sie wieder verwendet werden können, nicht vertauscht werden, denn sie müssen beim Wiedereinbau dieselbe Einbaulage erhalten. Man legt sie daher zweckmäßigerweise so ab, daß ein Verwechseln ausgeschlossen ist.
Bild 3-38 zeigt einen kompletten rechten Bremssattel ohne dazwischenliegende Bremsscheibe, Bild 3-39 einen linken Bremssattel mit noch vorhandener Bremsscheibe, aber nur einer Bremsbacke und geschnittenen Radbremszylindern.

Bremsbelagkontrolle: Jede Bremsbacke besteht aus der Grundplatte und dem damit fest verbundenen Bremsbelag (Bild 3-40). Im neuen Zustand beträgt die Gesamtdicke von Grundplatte und Bremsbelag 15 mm, davon die Dicke des Bremsbelages 11 mm. Bremsbacken müssen erneuert werden, wenn sich die Dicke des Bremsbelages bis auf 2 mm verringert hat, die Gesamtdicke von Grundplatte und Bremsbelag also nur noch 6 mm beträgt.
Nach Abschluß der Kontrolle werden die noch zu verwendenden Bremsbacken in ihrer alten Lage wieder eingebaut. Dies erfolgt in entgegengesetzter Reihenfolge des Ausbaus. Bevor hierbei die Befestigungsbolzen wieder eingeschoben werden, sind dieselben an den Lagerungsstellen leicht einzuölen. Das Einstellen der Bremsbeläge erfolgt durch mehrmaliges Treten des Bremspedals selbsttätig.

Bremsscheibenkontrolle: Bei der Kontrolle der Bremsscheiben ist der Zustand der Bremsringfläche entscheidend. Bild 3-41 zeigt anhand einer neuen und einer verschlissenen Bremsscheibe die Art des Verschleißes. Werden bei der Kontrolle der Bremsscheiben ähnliche Ringrille auf der gesamten Bremsringfläche beiderseits festgestellt, muß die

Bild 3-38 Rechter Bremssattel (ohne Bremsscheibe); 1 – Haltefedern, 2 – Sicherungssplinte, 3 – Befestigungsbolzen, 4 – Bremsbacken, 5 – Entlüftungsschraube

Bild 3-39 Linker Bremssattel (ohne linkem Bremsbacken) im Schnitt; 1 – Bremsscheibe, 2 – Radbremszylinder, 3 – Bremsbacken, 4 – Gummidichtring

Bild 3-40 Bremsbacken mit Grundplatte und Bremsbelag; links im Neuzustand, rechts nach etwa 30 000 km Fahrzeuglaufleistung

Bremsscheibe aufgearbeitet oder erneuert werden.
Neue Bremsscheiben sind 10 mm dick. Bereits gelaufene Bremsscheiben können weiter verwendet werden, wenn ihre Dicke durch das evtl. notwendige Abdrehen nicht unter 9,5 mm absinkt.

Kontrolle der hinteren Radbremsen: Die Kontrolle der hinteren Radbremsen (Bild 3-42) bezieht sich auf die Dicke der Bremsbeläge und den Zustand der Bremstrommeln. Zur Kontrolle, die anfangs alle 20 000 km und nach 40 000 km alle weiteren 10 000 km erforderlich ist, ist es notwendig, die Bremstrommel abzubauen. Hierzu wird das Fahrzeug angehoben, ordnungsgemäß verkeilt, hinten sicher aufgebockt und werden die Hinterräder abgenommen. Die Handbremse muß gelöst sein.

Nach dem Herausdrehen der beiden Befestigungsschrauben, die die Bremstrommel an der Hinterachse halten und die gleichzeitig als Radführungsbolzen dienen (SW 12 mm), müßte sich die Bremstrommel abnehmen lassen. Oftmals ist sie jedoch auf dem Paßsitz der Halbachse gehörig festkorrodiert. In einem solchen Falle entfernt man den Rost auf dem hervorstehenden Rand des Paßsitzes mit einer Drahtbürste und benetzt den Paßsitz mit einem Rostlösungsmittel. Nach einer gewissen Einwirkzeit dreht man nun zwei Schrauben M 8 mit ca. 30 mm langem Gewinde in die hierfür vorgesehenen Gewindebohrungen der Bremstrommel hinein und versucht, dieselbe durch wechselseitiges vorsichtiges Anziehen dieser Schrauben zu lösen. Hierbei darf man die Schrauben keinesfalls überspannen, weil dann entweder das Gewinde aus dem Aluminiummantel der Bremstrommel heraus-

Bild 3-41
Bremsscheiben; links im Neuzustand, rechts mit typischen Verschleißerscheinungen (tiefere Ringrillen auf beiden Seiten)

Bild 3-42 Hintere Radbremse; 1 – Bremsbacken mit Belag, 2 – Handbremsbetätigungshebel, 3 – Radbremszylinder, 4 – Einstellexzenter

reißt oder die Bremstrommel zumindest Risse um die Gewindelöcher herum bekommt. Leichte Schläge, die mit einem Holz- oder Gummihammer wechselseitig auf die Stirnseite der Bremstrommel gegeben werden, erleichtern diese Arbeit.

Bremsbelagkontrolle: Neue Bremsbeläge haben eine Dicke von 5 mm. Hat sich ihre Dicke bis auf etwa 1,5 mm verringert, müssen die Bremsbacken komplett erneuert werden. Die notwendigen Arbeitsgänge hierzu sind im Abschnitt „Bremse zieht einseitig" beschrieben.
Die Kontrolle der Dicke der Bremsbeläge wird mit dazu benutzt, auch den Zustand der Bremsbeläge zu beurteilen. Weisen dieselben auf ihren Reibflächen beispielsweise Fettspuren auf, hilft auch bei relativ neuen Bremsbelägen nur noch der Austausch. Ein Säubern mit Sandpapier oder auch Drahtbürste bringt auf die Dauer keinen Erfolg. Das Fett tritt infolge der Erwärmung der Beläge beim Bremsen immer wieder aus und vermindert die Bremsleistung. Daß die Ursache für das Verölen der Bremsbeläge natürlich gesucht und beseitigt werden muß, sei aus diesem Grunde auch besonders betont. Es könnte sein, daß durch eine undichte Radialdichtung (Simmerring) Öl aus der Halbachse der Hinterachse herausläuft und in die Radbremse gelangt.

Bremstrommelkontrolle: Die Kontrolle der Bremstrommeln bezieht sich vor allem auf den Zustand der Bremsflächen. Werden hierin rundumlaufende Rillen festgestellt, muß die Bremstrommel aufgearbeitet werden. Ihr Ausdrehen ist bis maximal 251 mm Innendurchmesser möglich. Neue Bremstrommeln haben einen Innendurchmesser von 250 mm. Nach Abschluß der Kontrollarbeiten werden die Bremstrommeln wieder angebaut und danach die Radbremsen – bis auf das Modell 2103 – im aufgebockten Zustand des Fahrzeugs neu eingestellt.

Einstellen der Hinterradbremse: Das Nach- oder Einstellen der Hinterradbremsen – beim WAS 2103/06 nicht erforderlich – soll unabhängig vom Intervall der Bremsbelagkon-

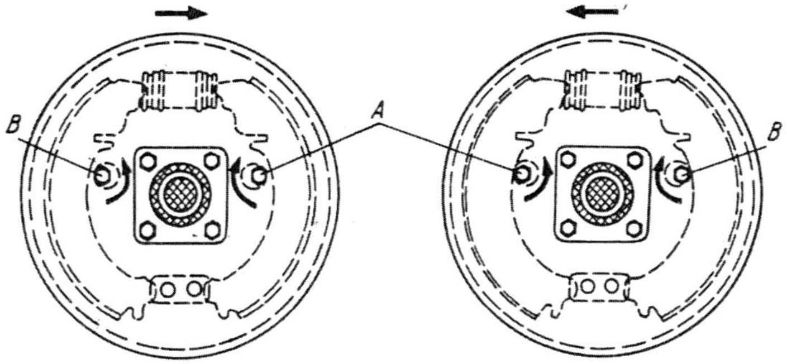

Bild 3-43
Schema zum Einstellen der hinteren Radbremsen;
Pfeile = Fahrtrichtung,
A – vordere Bremsbacken,
B – hintere Bremsbacken

trolle etwa alle 10 000 km erfolgen, spätestens jedoch, wenn sich ein Verschleiß der Bremsbeläge durch Vergrößerung des Bremspedalweges anzeigt.
Das Einstellen der hinteren Radbremsen erfolgt durch Drehen der im Bild 3-43 dargestellten und von der Rückseite der Bremsen her zugänglichen Exzenter (SW 17 mm), wobei erst die eine und dann die andere Bremsbacke eingestellt wird. Während des Einstellvorgangs ist das betreffende Rad von Hand ständig zu drehen, bis es sich nicht mehr drehen läßt, die betreffende Bremsbacke also an der Bremstrommel anliegt. Danach wird der Exzenter gerade soweit zurückgestellt, bis sich das Rad wieder frei drehen läßt. Das gleiche erfolgt mit dem anderen Exzenter.

Einstellen der Handbremse: Die Handbremse ist richtig eingestellt, wenn sich der Handbremshebel bis zur dritten Raste anziehen läßt. Die Nachstellmöglichkeiten sind im Bild 3-44 gezeigt. Zum Einstellen ist es erforderlich, das Fahrzeug hinten anzuheben. Der Einstellvorgang ist folgender: Der Handbremshebel wird in Stellung „3. Raste" gebracht und nunmehr die Einstellmutter nach Lösen der Gegenmutter solange nach vorn (rechts herum) gedreht, bis sich die Hinterräder nur noch mühevoll von Hand vorwärts drehen lassen. In dieser Stellung wird die Einstellmutter mit der Gegenmutter gesichert. Wird danach der Handbremshebel wieder in seine Null-Stellung gebracht, d. h. voll nach unten gedrückt, müssen sich die Hinterräder frei drehen lassen. Ist das der Fall, stimmt die Einstellung der Handbremse.

Bild 3-44
Einstellvorrichtung der Handbremse;
1 – Bremsseil,
2 – Rückzugfeder,
3 – Gewindestück,
4 – Gegenmutter,
5 – Einstellmutter

Arbeiten an der elektrischen Anlage

Jede Arbeit an der elektrischen Anlage des Fahrzeugs verlangt Einfühlungsvermögen in die Funktion der einzelnen Aggregate und darüber hinaus in das Zusammenspiel der gesamten Anlage, also von Batterie, Lichtmaschine, Spannungsregler und Stromverbrauchern. In dieser Kette nimmt die Batterie den ersten Platz ein. Und da wir auch bei ihr Aufbau und Funktionsweise als bekannt voraussetzen, befassen wir uns gleich mit der Kontrolle, dem Reinigen und dem Nachladen.

Batteriepflege

Die Lebensdauer jeder Kraftfahrzeugbatterie wird von ihrer Behandlung mitbestimmt. Feuchtigkeit rund um Pole und Polbrücken erhöht die Selbstentladung. Ein dünner Film Polfett an den Kabelklemmen sowie überhaupt an allen verbleiten Teilen einschließlich den Kontaktflächen zwischen Batteriepolen und Kabelklemmen verhindert die hier immer mögliche Bildung von Oxiden und damit erhöhten Übergangswiderständen (Spannungsverlusten). Es genügt, wenn die genannten Stellen in größeren zeitlichen Abständen – vielleicht jedes Jahr im Herbst – mit einem neuen Fettfilm versehen werden.

Flüssigkeitskontrolle: Die Kontrolle des Flüssigkeitsstandes in der Batterie sollte regelmäßig erfolgen; im Sommer vielleicht alle zwei Wochen, im Winter alle vier Wochen. Wenn notwendig, wird destilliertes Wasser nachgefüllt, und zwar so weit, daß die Flüssigkeit (Elektrolyt) 5 bis 10 mm über den Oberkanten der Platten steht. Das garantiert die Funktion der Batterie. Vernachlässigt man diese Kontrolle, sinkt der Säurestand schließlich so weit ab, daß die oberen Teile der Platten freiliegen und infolge Einwirkung des Sauerstoffes der Luft sulfatieren. Dies hat eine vorzeitige Alterung der Batterie zur Folge.

Reinigung: Die äußerliche Reinigung der Batterie ist mit Seifenwasser möglich. Aber Vorsicht, es darf kein Wasser in das Innere der Batterie gelangen! Aber diese Gefahr besteht nicht, wenn die Verschlußstopfen der einzelnen Zellen richtig eingedreht sind. An einer sauberen und trockenen Batterie ist relativ leicht festzustellen, ob das Batteriegehäuse noch dicht ist. Werden Risse festgestellt – sie machen sich durch Feuchtigkeitsspuren bemerkbar –, zieht man einen Batteriedienst zu Rate. Nur hier kann entschieden werden, ob sich das Gehäuse der Batterie noch reparieren läßt oder ob die Batterie komplett erneuert werden muß.

Ladezustand: Der Ladezustand der Batterie läßt sich am zweckmäßigsten über die Säuredichte kontrollieren. Als Prüfinstrument dient ein Säureheber (Areometer). Eine vollgeladene Batterie besitzt eine Säuredichte von 1,28 g/cm³ (Spindel des Areometers steht im gelben Feld), eine noch halbgeladene Batterie eine Säuredichte von 1,20 bis 1,25 g/cm³ (Spindel steht im blauen Feld) und eine entladene Batterie eine Säuredichte von 1,12 bis 1,15 g/cm³ (Spindel steht im roten Feld).
In der Praxis heißt das, daß sofort der Ladezustand der Batterie überprüft wird, wenn sich – vor allem im Winter – Startschwierigkeiten bemerkbar machen, bevor weitere Maßnahmen zum Beheben der Startschwierigkeiten getroffen werden.

Nachladen: Im Bild 3-45 ist sichtbar gemacht, wann eine Batterie nachgeladen werden muß. Das Nachladen ist besonders im Winterhalbjahr notwendig, wo die häufigen Kaltstarts an der Batterie zehren und wo sich dieselbe bei den meisten folgenden Kurzstreckenfahrten kaum erholen, d. h., die ihr beim Starten entnommene Energie durch die Lichtmaschine nicht wieder in genügender Menge zugeführt werden kann.
Das Nachladen der 55-Ah-Batterie des WAS ist mit dem im Fachhandel erhältlichen Kleinladegerät „Ladefix 2,5" im eingebauten Zustand möglich. Die Kabel brauchen hierbei nicht von der Batterie abgenommen, die Zellenverschlüsse der Batterie nicht geöffnet zu werden. Wird jedoch ein größeres Ladegerät benutzt, ist zumindest das Minuskabel von der Batterie abzuklemmen.
Laden wir die Batterie mit einem größeren

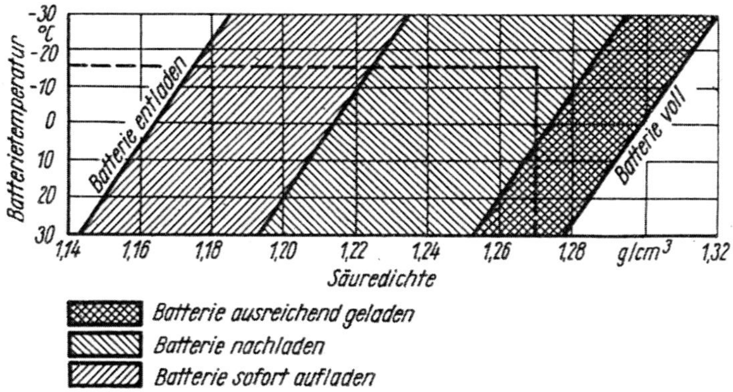

Bild 3-45
Diagramm zur Feststellung des Ladezustandes der Batterie in Abhängigkeit von Säuredichte und Temperatur; nach /7/

Ladegerät, so bauen wir dieselbe besser aus dem Fahrzeug aus und stellen sie in eine Fotoschale aus Kunststoff. Es kann doch einmal vorkommen, daß bei längerem Laden Batteriesäure überkocht. Die Säure kann dann keinen Schaden anrichten.
Wird das Fahrzeug längere Zeit abgestellt – beispielsweise im Winter –, empfiehlt es sich, die Batterie auszubauen und in einem trockenen, kühlen Raum aufzubewahren. Während dieser Zeit sollte sie etwa alle vier Wochen nachgeladen werden.

Lichtmaschine überprüfen

Eine vollständige Überprüfung der Drehstromlichtmaschine des WAS ist uns nicht möglich. Es werden hierzu spezielle Prüfgeräte und vor allem Erfahrung benötigt. Störungen an der Lichtmaschine lassen wir deshalb besser von einem Fachmann (Vertragswerkstatt) beheben. Jedes selbsttätige Experimentieren an der Drehstromlichtmaschine birgt die schon erwähnte Gefahr der Zerstörung der Dioden in sich.
Unsere Überprüfung der Drehstromlichtmaschine bezieht sich auf das Prüfen der Ladespannung. Als Prüfgerät benötigen wir ein Voltmeter (Spannungsmesser) mit einem Anzeigebereich von 10 bis 20 Volt und möglichst einer Anzeigegenauigkeit von 0,2 Volt. Dieses Voltmeter wird nun an die Batterie angeschlossen, und zwar Plusklemme des Gerätes an Pluspol der Batterie und Minuspol des Gerätes an Minuspol der Batterie. Wird jetzt das Abblendlicht als Belastung des Bordnetzes eingeschaltet und der schon zuvor gestartete Motor von Leerlaufdrehzahl langsam auf mittlere Motordrehzahl (etwa 2500 U/min) gebracht und hierbei der Spannungswert am Voltmeter abgelesen, muß dieser 13,5 ... 13,8 Volt betragen. Wird dieser Wert erreicht, stimmt die Ladespannung. Andernfalls ist die Ladespannung am Spannungsregler neu einzustellen. Aber das ist wieder Sache des Fachmannes (Vertragswerkstatt), die man in diesem Falle unbedingt aufsuchen muß. Eine zu hohe Ladespannung bringt nämlich ein Überkochen der Batterie mit sich, was zur Folge hat, daß die austretenden Säuredämpfe eine starke Korrosion an den Karosserieteilen in der Umgebung der Batterie verursachen. Bei einer zu niedrigen Ladespannung wird im Gegensatz dazu die Batterie nicht ausreichend geladen.
Beim WAS 2103 bzw. 2106 – sie besitzen ja Drehzahlmesser – kann man übrigens die mittlere Motordrehzahl von 2500 U/min, bei der der vorstehend erwähnte Spannungswert erreicht sein muß, am Drehzahlmesser kontrollieren. Die Lichtmaschine macht hierbei etwa 5000 U/min. Liegt der ermittelte Spannungswert zu hoch oder zu niedrig, muß auch bei diesem Fahrzeugtyp die Ladespannung am Spannungsregler neu eingestellt werden.

Elektrische Anlage durchschalten

Das Durchschalten der elektrischen Anlage des Fahrzeugs dient der Kontrolle der Beleuchtungs- und Signalanlage, und zwar aller Leuchten. Ein Vorteil ist es, wenn ein Helfer die ordnungsgemäße Funktion der Leuchten bestätigt bzw. darauf aufmerksam macht, welche Glühlampe in ihrer Leuchtkraft bereits nachgelassen hat und ausgewechselt werden sollte. Letzteres geschieht selbstverständlich sofort, wie im Abschnitt „Störungen an der Beleuchtungs- und Signalanlage" ausführlich beschrieben.

Scheinwerfer einstellen

Die Scheinwerfer werden alle 10000 km, zumindest aber zum Beginn des Winterhalbjahres, wo wieder viel mit Licht gefahren wird, neu eingestellt. Das kann man selber machen, es aber auch von den gesellschaftlichen Kräften machen lassen, die sich an bestimmten Tagen dafür bereithalten. Macht man es selber, also ohne Scheinwerfereinstellgerät, ist der Einstellvorgang folgender:

1. Das Fahrzeug wird in einer Entfernung von 10 m vor einer senkrechten Wand auf einer ebenen Fläche rechtwinklig zur Wand aufgestellt. Nunmehr werden an der Wand in Höhe der Scheinwerfermitten sowie im Abstand der Scheinwerfermitten zueinander zwei Kreuze angebracht und diese Kreuze mit einer waagerechten Linie miteinander verbunden.
2. Jetzt wird etwas unterhalb der waagerechten Linie, die durch die beiden Kreuze verläuft, und zwar abhängig vom X-Wert des betreffenden Fahrzeugtyps, der beim WAS 2101, 21011, 2103 und 2106 = 25 cm und beim WAS 2102 = 27 cm beträgt, eine zweite waagerechte Linie gezogen und auch diese Linie genau unterhalb der bereits vorhandenen Kreuze mit zwei Kreuzen versehen. Abschließend werden die beiden übereinander liegenden Kreuzpaare mit senkrechten Linien verbunden.
3. Wird jetzt das Abblendlicht eingeschaltet – die Scheinwerferringe hat man zweckmäßigerweise bereits abgenommen –, müssen die Hell-Dunkel-Grenzen der beiden Scheinwerfer auf der unteren Linie liegen, wobei die Knickpunkte der Hell-Dunkel-Grenzen von den Scheinwerfermitten (Kreuze) jeweils um maximal 20 cm nach rechts abweichen dürfen. Bei Erfüllung dieser Vorschrift durch das Abblendlicht liegen die Lichtbündelmitten des Fernlichts auf den entsprechenden oberen Kreuzen.
4. Entspricht die vorhandene Einstellung der Scheinwerfer nicht diesen Werten, werden die Scheinwerfer nacheinander entsprechend ausgerichtet. Die in Höhe der Scheinwerfermitten neben den Scheinwerfern vorhandenen Einstellschrauben dienen zur Korrektur der Einstellung in waagerechter Richtung, die oberhalb der Scheinwerfer sitzenden Einstellschrauben zur Korrektur in senkrechter Richtung.

Arbeiten an der Karosserie

Erfahrene WAS-Besitzer werden es schon festgestellt haben: Die Anbauteile wie Kotflügel mit Radkästen, Front- und Heckteile sind an der Fahrgastzelle der selbsttragenden Ganzmetallkarosserie des WAS angeschweißt. Diese Fertigungstechnologie ermöglicht es dem Fahrzeughersteller, hohe Stückzahlen rationell zu produzieren. Andererseits liegen dadurch bedingt die Instandsetzungskosten bei Karosseriereparaturen wesentlich höher als bei geschraubten Karosserien. Berücksichtigt man weiterhin, daß die Karosserie die teuerste Baugruppe jedes Fahrzeugs ist – eine Rohkarosserie für den WAS 2101 kostet beispielsweise rund 4500,– Mark, eine komplette Karosserie für den gleichen Fahrzeugtyp sogar 12000,– Mark – dürfte deutlich werden, warum jeder Fahrzeughalter auch auf Wartung und Pflege der Karosserie großen Wert legen sollte.

Hauptfeind jeder Ganzmetallkarosserie ist und bleibt der Rost. Will man ihr Standvermögen dem der Hauptbaugruppen des Fahrzeugs wie Motor, Getriebe usw. anpassen, bei denen 100000 km Laufleistung durchaus keine Seltenheit sind, ergibt sich daraus, daß die Karosserie in den dazu erforderlichen 7 bis 10 Jahren gezielt gepflegt und zusätzlich konserviert werden muß. Das beginnt bei der Fahrzeugobenpflege und endet bei der Fahrzeuguntenpflege einschließlich Hohlraumkonservierung.

Fahrzeugobenpflege

Wagenwäsche: Eine regelmäßige Fahrzeugwäsche mit Schwamm und viel Wasser ist in den Sommermonaten, erst recht aber in den Wintermonaten, wo die chemischen Auftaumittel die Korrosion an der Karosserie fördern, wichtig. Auch neue Fahrzeuge können mit schaumbildenden Autopflegemitteln gewaschen werden, denn die Regel, daß der neue Lack erst einen Monat lang aushärten muß, bevor er mit Schampoon in Berührung gebracht werden darf, ist mit Sicherheit durch den Weg des Fahrzeugs vom Hersteller bis zum Fahrzeughalter eingehalten.

Lackpflege: Bei neueren Fahrzeugtypen empfehlen sich Pflegemittel ohne schleifende Wirkung, z. B. Globo-Autobalsam oder Globo-Autoglanz. Für schon ältere Fahrzeuge, deren Lackierung bereits stumpf geworden ist, sind dagegen Globo-Polish oder Autopolitur geeignet. Diese beiden Pflegemittel enthalten Schleifmittelzusätze, die den Lack wieder auffrischen.

Lackschäden: Kleinere Lackschäden an der Karosserie, beispielsweise hervorgerufen durch Steinschlag, sollten sofort unter Verwendung des mit dem Fahrzeug mitgelieferten Reparaturlacks ausgebessert werden. Größere Steinschlagschäden oder Kratzer schleift man vorsichtig an, grundiert sie und behandelt sie abschließend mit dem in Spraydosen angebotenen Reparaturlack der entsprechenden Farbe.
Das Nachlackieren der unbearbeiteten Kanten und Pfalze an Hauben und Türen – hier zeigt sich Rost in der Regel zuerst – ist nach unseren Erfahrungen wenig wirksam. Der Rost kommt hier vor allem aus den Blechüberlappungen und Punktschweißnähten, dringt also von innen nach außen, und muß darum auch von hier aus bekämpft werden. Im Abschnitt „Hohlraumkonservierung" ist dazu einiges gesagt.

Chrompflege: Für die verchromten Stahlblechteile eignet sich das Pflegemittel Chromglanz. In den Wintermonaten werden diese Teile mit Elaskon oder mit Chromschutzlack konserviert. Das Konservieren mit dem roten oder auch mit dem braunen Chromschutzlack bietet den Vorteil, daß man sieht, welche Stellen nachgebessert werden müssen. Elaskon und auch Chromschutzlack lassen sich mit Waschbenzin, Kraftstoff, Petroleum oder Farbverdünnung wieder entfernen.

Gummipflege: Alle Gummidichtungen an Türen, Hauben, Seiten-, Front- und Heckscheiben sind für das gelegentliche Einreiben mit Glyzerin – erhältlich in Apotheken – dankbar. Der Vorteil: Der Gummi wird nicht so schnell spröde und rissig. Außerdem verhindert Glyzerin im Winter das Anfrieren der Gummidichtungen an den Stahlblechteilen des Fahrzeugs. Mit Talkum erzielt man bei der Gummipflege eine ähnliche Wirkung.

Fahrzeuguntenpflege

Karosserieböden und Radkästen besitzen einen speziellen Korrosionsschutz sowie Antidröhnanstrich auf Bitumenbasis. Das vielfach empfohlene Kontrollieren dieser Schutzschicht auf Beschädigung (Risse) mit anschließendem Entfetten und Ausbessern der beschädigten Stellen ist in der Praxis (ohne Hebebühne oder Grube) jedoch kaum durchführbar. Infolgedessen empfiehlt es sich, den Unterboden jährlich einmal, und zwar vor Beginn des Winters, mit Elaskon einsprühen zu lassen. Elaskon ist wasserunlöslich, gegen Laugen und Salze beständig, greift die bereits vorhandene Korrosionsschutzschicht nicht an und läßt sich außerdem relativ bequem auftragen.

Scharniere und Schlösser

Scharniere und Schlösser des Fahrzeugs erfordern zumindest alle 10 000 km eine entsprechende Wartung einschließlich Kontrolle auf festen Sitz. Ein leichtes Ölen der betreffenden Teile, am besten mit einer Ölspritzkanne, macht dieselben mit Sicherheit wieder leichtgängig. Zusätzlich sind ggf. die entsprechenden Schließmechanismen, speziell die der Türen, nachzusetzen. Hierzu werden die drei Halteschrauben etwas gelöst und wird die Schließfalle entsprechend nach innen und leicht nach oben versetzt.

Hohlraumkonservierung

Die Notwendigkeit der Hohlraumkonservierung beweist Bild 3-46. Hier sind die korrosionsgeährdeten Hohlräume, in denen sich der Rost recht gern breit macht, um dann von innen aus zu fressen, markiert. Im Bild 3-47 sind diese Räume mit ihrer Lage und Zugänglichkeit näher bezeichnet. Im anschließenden Text sind die erforderlichen Erläuterungen für alle Pflegestellen zu finden.

Wann konservieren? Eine Hohlraumkonservierung ist bei jedem neuen Fahrzeug sofort angebracht. Ansonsten wählt man den Zeitpunkt der Konservierung so, daß die Hohlräume trocken sind. Das ist erfahrungsgemäß im späten Frühjahr, im Hoch- oder Spätsommer sowie zum Beginn des Herbstes der Fall. Und zu einem dieser Zeitpunkte konserviert man das Fahrzeug dann jedes Jahr, zumindest aber alle zwei Jahre. Man macht das zweckmäßigerweise selbst, kann es aber auch in einem Pflegebetrieb machen lassen.

Konservierungsmittel: Das allgemein bekannte Elaskon ist das z.Z. beste Konservierungsmittel. Wir haben dem Elaskon etwas Ferroform beigemischt; bei einem neuen Fahrzeug auf 2 Liter Elaskon 100 cm^3, bei schon älteren Fahrzeugen im Verhältnis 1:10. Warum? Ferroform – zu erhalten an den Tankstellen und im Fachhandel – ist ein dünnflüssiges, graphithaltiges Kriechöl von enormer Ausbreitungsfähigkeit. Es gelangt somit noch besser als das Elaskon in alle Punktschweißnähte sowie Blechüberlappungen und schützt diese Stellen somit ausgezeichnet.
Die Hohlraumkonservierung des WAS ist auch mit dem im Handel erhältlichen Becas-Sprüher möglich. Der Schlauch ist lang genug, um damit alle Hohlräume zu erreichen. Sein Nachteil ist jedoch der relativ niedrige Arbeitsdruck. Man muß das Elaskon deshalb auch mit Kraftstoff o.a. leicht verdünnen, damit ein tatsächlich ausreichender Sprühkegel zustande kommt. Die in der Schädlingsbekämpfung üblichen Sprühgeräte eignen sich für die Hohlraumkonservierung gleichfalls. Ihr Arbeitsdruck von 500...600 kPa (5...6 kp/cm^2) garantiert nach unseren Erfahrungen den besseren Erfolg.

Was konservieren? Kanten an Motorhaube, Türen und Kofferraumklappe, Stoßkanten Windlauf/Dach, Spalten an den vorderen Kotflügeln oben zwischen Kotflügeln und Windlauf sowie zwischen Türschwellern und Schwellerleisten, Räume hinter den Entlüftungsblenden an den hinteren Holmen sowie hinter den Zierleisten beim 2103.
Als Konservierungsgerät eignet sich eine Ölspritzkanne, mit der Kanten, Spalten und Räume benetzt bzw. gefüllt werden. Bild 3-47 – nach /6/ gefertigt – beschreibt die zu konservierenden Stellen.

Bild 3-46 Korrosionsgefährdete Hohlräume; 1 – Kotflügelkästen vorn, 2 – Türinnenräume, 3 – Türschweller, 4 – Kotflügelkästen hinten; nach /5/

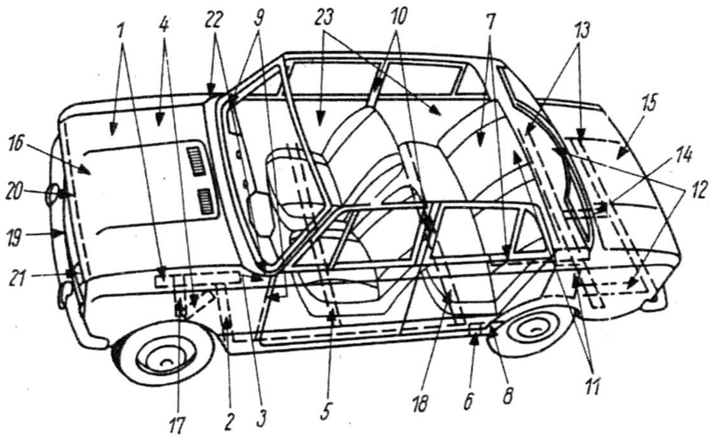

Bild 3-47
Lage der korrosionsgefährdeten Hohlräume

1. *Vordere Längsträger;* zugänglich durch vorhandene Bohrungen, Sprührichtung nach vorn und hinten.

2. *Vordere Querträger;* zugänglich vom Fahrgastraum aus nach Herausnehmen der Gummistopfen, Sprührichtung nach links und rechts.

3. *Vordere Kastensäulen;* zugängliche durch vorhandene Öffnungen in den Radkästen, Sprührichtung nach unten (Ablauföffnungen müssen frei sein).

4. *Querträger im Vorderradkasten;* zugänglich durch vorhandene Öffnung nach Herausnehmen des Gummistopfens, Sprührichtung nach oben.

5. Verstärkungsträger unter Vordersitzen; zugänglich nach Herausnehmen des Gummistopfens, Sprührichtung durch vorhandene Öffnungen am Bodenblech.

6. *Kastenprofile vor Hinterrädern und über Ausgleichgetriebe/Gummipuffer;* zugänglich durch vorhandene Öffnungen, Sprührichtung nach oben.

7. *Hintere Längsträger;* zugänglich durch vorhandene Öffnungen vor und hinter Federauflage, Sprührichtung nach vorn und hinten.

8. *Seitenlängsschweller innen und außen;* zugänglich nach Entfernen der Gummistopfen, die ziemlich weit unten in den hinteren Radkästen sitzen, Sprührichtung nach vorn. Beachten: Die Seitenlängsschweller besitzen doppelte Hohlräume, es sind also beide Räume auszusprühen!

9. *Vordere Türsäulen;* zugänglich durch Lichtschalteröffnung, Sprührichtung nach unten und oben.

10. *Mittelsäulen;* zugänglich durch Lichtschalteröffnung, Sprührichtung nach unten und oben.

11. *Radkastenverstärkungen hinten;* zugänglich vom Kofferraum aus, Sprührichtung nach vorn und hinten. Beachten: Der Sprühschlauch kann beim Herausziehen an den Kanten hängenbleiben und die Düse abreißen!

12. *Längsträger im Kofferraum* links und rechts; zugänglich durch vorhandene Öffnungen im Kofferraum, Sprührichtung nach vorn und hinten.

13. *Querträger im Kofferraum* vorn und hinten; zugänglich durch vorhandene Öffnungen im Kofferraum, Sprührichtung nach links und rechts.

14. *Mittelversteifung am Kofferraumboden;* zugänglich nach Entfernen des Gummistopfens, Einsprühen auch von unten möglich, Sprührichtung nach vorn und hinten.

15. *Kofferraumklappe* zwischen Außenhaut und den Verstrebungen unter Nutzung der vorhandenen Löcher.

16. *Motorhaube* zwischen Außenhaut und Verstrebungen unter Nutzung der vorhandenen Löcher.

17. *Vordere Federträger;* zugänglich durch vorhandene Öffnungen im Motorraum, Sprührichtung nach unten.

18. *Querträger unter Fondsitzen;* zugänglich durch vorhandene Öffnungen im Innenraum, Sprührichtung nach links und rechts.

19. *Querträger unter Attrappe vorn;* zugänglich durch vorhandene Öffnungen im Motorraum, Sprührichtung nach links und rechts.

20. *Querträger über Attrappe vorn;* zugänglich durch vorhandene Öffnungen von außen, Sprührichtung nach links und rechts.

21. *Scheinwerfertaschen;* zugänglich von vorn außen, Sprührichtung allseitig.

22. *Kotflügelansätze am Windlauf;* zugänglich von oben außen, Sprührichtung nach unten.

23. *Türinnenräume;* zugänglich nach Abnehmen der Verkleidung, Sprührichtung allseitig.

Die Türverkleidungen lassen sich wie folgt abnehmen: Die Fensterkurbeln werden von Drahtspangen gehalten, die sich ohne ein spezielles Hilfsmittel nur schwer herausdrükken lassen. Man fertigt sich diese Hilfsmittel nach Bild 3-48 und baut damit die Fensterkurbeln (Bild 3-49) ab. Danach werden die Rosetten der Türinnendrücker abgezogen und die Armlehnen abgeschraubt. Die Türverkleidung selbst wird von Plasteklammern gehalten. Diese Klammern brechen recht gern. Man kann daher nur durch Einschieben eines Schraubendrehers zwischen Verkleidung und Türblech versuchen, dieselben vorsichtig aus ihren Haltebohrungen herauszudrücken. Ist das geschafft, beginnt das Einsprühen der Türen, ganz besonders der Falzverbindungen. Aber Vorsicht! Die beweglichen Teile der Kurbelpatente und der Türschlösser dürfen keine Elaskon abbekommen; sie verkleben sonst.

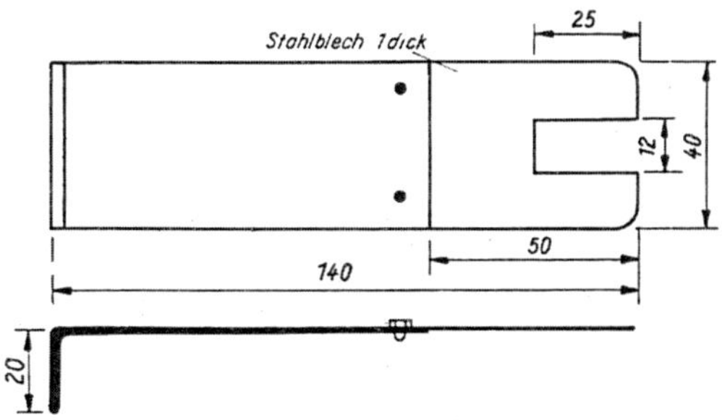

Bild 3-48 Hilfsmittel zum Herausdrücken der Drahtspangen an den Fensterkurbeln

Erklärend hinzugefügt sei, daß
- sich die Nummern vor den einzelnen Konservierungspositionen auf das Bild 3-47 beziehen;
- das Fahrzeug bei den Konservierungspositionen 1...7 angehoben werden muß bzw. sich diese Positionen am besten von einer Grube aus ausführen lassen;
- Bodenmatten, Innenraumverkleidungen u.a.m. vor Ausführung der Konservierung entfernt werdern sollten;
- sich Elaskon-Flecke mit Waschbenzin, Kraftstoff oder Farbverdünner entfernen lassen;
- zwecks Konservierung der Heckklappe und der hinteren Kotflügelkästen des Typs 2102 die Verkleidungen – mit Treibschrauben und Plastklammern gehalten – abzubauen sind.

Bild 3-49 Hilfsmittel zum Herausdrücken der Drahtspangen an den Fensterkurbeln, angesetzt

Störungssuche und -beseitigung

Wer mit der Kfz-Instandhaltung beruflich nicht zu tun hat, dem fällt es in der Regel nicht leicht, selbst kleinere Störungen am Fahrzeug aus eigener Kraft zu beheben. Aber was hilft's! Der allgemeine Trend geht dahin, auch den Nichtfachmann in die Lage zu versetzen, kleinere Reparaturen selbst zu erledigen. Das ergibt sich einmal aus volkswirtschaftlichen Gründen – der Dienstleistungssektor Kfz-Instandhaltung kann mit der Anzahl der zugelassenen Fahrzeuge nicht genügend stark mitwachsen –, zum anderen aus § 8 StVO. Hier heißt es bekanntlich, daß Fahrzeuge nur in Betrieb genommen werden dürfen, wenn sie verkehrs- und betriebssicher sind und daß Mängel hieran, die während der Fahrt auftreten und die die Verkehrssicherheit beeinträchtigen, unverzüglich zu beseitigen sind. Befreunden wir uns deshalb aus dem Bestreben heraus, die Verkehrssicherheit unseres WAS gegebenenfalls selbst wieder herstellen zu müssen, mit den Möglichkeiten hierzu.

Notwendige Voraussetzungen

Notwendige Voraussetzungen für Störungssuche und -beseitigung sind gleichfalls wieder Verantwortung und Sicherheit, wie im Kapitel „Technische Durchsicht" bereits ausdrücklich betont. Hinzu kommt hier, daß man die ggf. benötigten Ersatzteile mitführt und den Umgang mit der Prüfeinrichtung für die Elektrik (Prüflampe) beherrscht.

Ersatzteile: Erfahrungsgemäß sind es meist Kleinteile, die, sind sie ausgefallen, unseren WAS nicht reibungslos funktionieren lassen. Und da sich Störungen dieser Art meist bei größeren Fahrten einstellen, ist es ratsam, auch auf diesem Gebiet entsprechend vorbereitet zu sein. Es bietet sich das Mitführen folgender Teile an:

1 Blinkgeber	1 Radlager, klein
2 Zündkerzen	1 Kraftstoffpumpe
1 Zündspule	1 Ölfilter
1 U-Kontakt	1 Keilriemen
1 Schellenband	1 Zylinderkopfdichtung
3 Lüsterklemmen	1 Schwimmer
2 Ventileinsätze	Isolierband
Sicherungen	Kabel (2 m)
1 Radlager, groß	

In größeren Vertragswerkstätten sind diese Teile, verpackt in einer Servicetasche, u. U. sogar leihweise zu erhalten und können nach Beendigung der Fahrt, wenn sie nicht benötigt wurden, wieder zurückgegeben werden.

Prüfeinrichtungen: Jedes Beheben einer Störung, insbesondere an der Elektrik, setzt die Funktionskontrolle der einzelnen Stromverbraucher sowie der über Klemmen und Schalter dorthin führenden Leitungen voraus. Eine Prüflampe entsprechend der Bordspannung von 12 Volt, wie sie in den Fachgeschäften erhältlich ist, wird hierzu unbedingt benötigt.

Der Umgang mit der Prüflampe zur Spannungsführung ist im Prinzip recht einfach. Eine Klamme wird irgendwo an Masse (Motorblock, Karosserie) gelegt, und mit der anderen Klemme der Prüflampe wird bei eingeschalteter Zündung, ausgehend von der Stromquelle, der gestörte Stromkreis Stück für Stück abgetastet und so schließlich die Störung entdeckt. An den Spannung führenden Klemmen leuchtet die Prüflampe auf, an den spannungslosen Klemmen bleibt sie dunkel. Das ist dann das Zeichen dafür, daß sich im davorliegenden Bereich der Fehler befindet. Ein weiteres Prüfgerät ist der Prüf-Fix mit Glühlampe und Batterie. Mit ihm können Leitungsunterbrechungen gesucht werden, er kann aber auch zur Durchgangsprüfung dienen. Bei der Durchgangsprüfung muß das jeweils zu überprüfende Element spannungslos sein. Um Ströme über Nebenanschlüsse auszuschalten, ist es ratsam, die Stromverbindungsleitung an einem Ende abzuklemmen. Leuchtet bei der Durchgangsprüfung die Glühlampe des Prüf-Fix auf, ist die Leitung in Ordnung. Leuchtet sie nicht auf, ist sie unterbrochen.

Störungen am Triebwerk

Störungen am Triebwerk – wir wollen hierunter den kompletten Motor einschließlich Ventilsteuerung, Kraftstoffanlage, Zündanlage und Startanlage verstehen – haben die unterschiedlichsten Ursachen. Im nachfolgenden Text sind die wesentlichsten behandelt, wobei jeweils dargelegt ist, was bei den einzelnen Störungen unternommen werden kann.
Vorweg sei betont, daß an demontierten Baugruppen oder Teilen nur selten festzustellen ist, warum sie nicht mehr funktionierten. Infolgedessen ist es stets sinnvoll, vor jeder Demontage zu versuchen, die Ursache für die Störung aufzufinden und danach die Instandsetzungsmaßnahmen auszurichten.
Weiter soll gelten, daß mit den am einfachsten auszuführenden Kontrollen begonnen wird. Daraus ergibt sich dann auch die Reihenfolge Kraftstoffanlage mit Vergaser, Kraftstoffpumpe, Kraftstoffleitungen und Kraftstoffbehälter; Zündanlage mit Batterie, Zündanlaßschalter, Zündspule, Zündverteiler, Zündkabel, Zündkerzenstecker und Zündkerzen; Startanlage mit Batterie, Zündanlaßschalter, Magnetschalter, Anlasser und Leitungen sowie Ventilsteuerung mit Steuerkette, Nockenwelle und Ventilen. Alle vorstehend genannten Bauteile können in ihrem funktionellen Zusammenspiel gestört oder auch mechanisch beschädigt sein. Unsere Störungssuchmaßnahmen richten sich infolge der Vielzahl der hieran möglichen Störungen deshalb auch nach den Anzeichen, mit denen sich die Störung bemerkbar machte. Wer sein Fahrzeug während der Fahrt stets aufmerksam beobachtet, wird darum auch hellhörig, sobald irgendwo etwas nicht mehr stimmt. Und das ist dann auch schon der erste Schritt zum Auffinden und Beseitigen der sich so ankündigenden Störung.

Motor springt nicht an
(im kalten Zustand)

Startschwierigkeiten haben die unterschiedlichsten Ursachen. Sie können sowohl zündseitig als auch kraftstoffseitig bedingt sein. Und da bei unserer Störungssuche ja gilt, daß wir dort mit der Suche nach der Störungsursache beginnen, wo uns das am einfachsten möglich ist, beginnen wir in diesem Falle mit der Zündanlage.

Mögliche Störungen an der Zünd- und Startanlage

In Tabelle 4-I sind die wesentlichsten Störungen am Triebwerk zusammengestellt, und zwar vor allem diejenigen, die wir aus eigener Kraft beheben können. Der nachfolgende Text ist dieser Tabelle angepaßt.

Batterie: Den Ladezustand der Batterie überprüfen wir mit dem Säureheber, wie im Abschnitt „Batteriepflege" beschrieben. Erweist sich das unterwegs als notwendig und hat man keinen Säureheber zur Hand, schaltet man das Fernlicht ein und startet den Motor. Das Fernlicht muß auch während des Startvorgangs hell leuchten. Tut es das, kann man annehmen, daß der Ladezustand der Batterie ausreichend ist. Die Störungsursache muß also woanders liegen.

Kabelverbindungen: Zunächst werden einmal alle Kabelverbindungen sowohl des Primär- oder Niederspannungsstromkreises – es gehören hierzu Batterie, Zündanlaßschalter, Unterbrecher und Zündspule (Primärwicklung Klemme 15) – als auch des Sekundär- oder Hochspannungsstromkreises – hierzu gehören Zündspule (Sekundärwicklung Klemme 1), Zündkabel, Zündkerzenstecker und Zündkerzen – auf festen Sitz und hier vorhandene Oxide (hoher Übergangswiderstand und

Tabelle 4–1: Mögliche Störungen an den Triebwerkselementen

Erscheinung/Ursache	Abhilfe
Motor springt nicht an (im kalten Zustand)	
Zündseitige Ursachen	
Anlasser dreht den Motor nur träge durch und bleibt schließlich stehen	Batterie und Keilriemen überprüfen; s. Abschn. „Motor springt nicht an" und „Keilriemen spannen"
Anlasser dreht den Motor nur träge durch (hohe Übergangswiderstände im Stromkreis der Startanlage)	Kabelklemmen und Batteriepole säubern; s. Abschn. „Motor springt nicht an"
Zündanlaßschalter defekt (Nocken abgenutzt)	Zündanlaßschalter reparieren; s. Abschn. „Motor springt nicht an"
Risse in der Verteilerkappe (Kriechfunkenstrecken)	Verteilerkappe überprüfen; s. Abschn. „Motor springt nicht an"
Entstörwiderstand ausgefallen	Entstörwiderstand erneuern; s. Abschn. „Motor springt nicht an"
Unterbrecherkontakte verschlissen	Entstörwiderstand neu einstellen bzw. Kontakte erneuern; s. Abschn. „Zündanlage warten"
Kondensator schlägt durch	Kondensator erneuern; s. Abschn. „Motor springt nicht an"
Unterbrecherkabel durchgescheuert	Unterbrecherkabel reparieren; s. Abschn. „Motor springt nicht an"
Risse (Kriechfunkenstrecken) auf dem Zündspulenhals	Zündspule erneuern; s. Abschn. „Motor springt nicht an"
Zündkabel locker	Zündkabel befestigen; s. Abschn. „Motor springt nicht an"
Primär- oder Sekundärwicklung der Zündspule ausgefallen	Überprüfungsmöglichkeiten; s. Abschn. „Motor springt nicht an"
Zündkerzen feucht, verölt oder verrußt	Zündkerzen reinigen bzw. erneuern; s. Abschn. „Zündanlage warten"
Anlasser läuft beim Starten nicht an	Stromkreis der Startanlage überprüfen; s. Abschn. „Motor springt nicht an"
Anlasser macht beim Starten knarrende Geräusche	Fachwerkstatt zu Rate ziehen; s. Abschn. „Motor springt nicht an"
Anlasser heult beim Starten auf	Fachwerkstatt zu Rate ziehen; s. Abschn. „Motor springt nicht an"
Anlasser knackt beim Starten	Fachwerkstatt zu Rate ziehen; s. Abschn. „Motor springt nicht an"
Anlasserritzel spurt nicht aus	Fachwerkstatt zu Rate ziehen; s. Abschn. „Motor springt nicht an"
Kraftstoffseitige Ursachen	
Tankbelüftung zugesetzt	Tankbelüftung säubern; s. Abschn. „Motor springt nicht an"

noch Tabelle 4-1

Erscheinung/Ursache	Abhilfe
Kraftstoffpumpe fördert keinen Kraftstoff	Kraftstoffpumpe reinigen; s. Abschn. „Motor springt nicht an“
Kraftstoffpumpe fördert zu wenig Kraftstoff	Leitungssystem durchblasen; s. Abschn. „Motor springt nicht an“
Vergaserdüsen verschmutzt	Vergaserdüsen reinigen; s. Abschn. „Vergaser reinigen und einstellen“
Starteinrichtung klemmt	Starteinrichtung gangbar machen; s. Abschn. „Motor springt nicht an“
Motor springt nicht an (im warmen Zustand)	
Kraftstoffseitige Ursachen	
Leerlaufsystem nicht richtig eingestellt	Leerlauf neu einstellen; s. Abschn. „Vergaser reinigen und einstellen“
Kraftstoffstand im Schwimmergehäuse zu hoch	Schwimmerstand korrigieren; s. Abschn. „Vergaser reinigen und einstellen“
Schwimmer defekt (mit Kraftstoff gefüllt)	Schwimmer erneuern; s. Abschn. „Vergaser reinigen und einstellen“
Schwimmernadelventil verschmutzt	Schwimmernadelventil reinigen; s. Abschn. „Vergaser reinigen und einstellen“
Zündseitige Ursachen	wie vorstehend
Motor läuft unregelmäßig (im Leerlauf)	
Kraftstoffseitige Ursachen	
Leerlaufdüse oder -kanal teilweise zugesetzt	Düse und Kanal reinigen; s. Abschn. „Vergaser reinigen und einstellen“
Leerlauf nicht richtig eingestellt	Leerlauf richtig einstellen; s. Abschn. „Vergaser reinigen und einstellen“
Drosselklappen klemmen	Drosselklappen gangbar machen; s. Abschn. „Motor läuft unregelmäßig“
Nebenluft im Ansaugsystem	Nebenluft beseitigen; s. Abschn. „Motor läuft unregelmäßig“
Zündseitige Ursachen	
Zündkerzen schadhaft oder verbraucht	Zündkerzen erneuern; s. Abschn. „Zündanlage warten“
Motor läuft mit zu viel Frühzündung	Zündung einstellen; s. Abschn. „Zündung einstellen“
Fehler im Hochspannungsstromkreis	Verteiler, Zündspule, Zündkabel und -kerzen überprüfen; s. Abschn. „Motor springt nicht an“

noch Tabelle 4-1

Erscheinung/Ursache	Abhilfe
Motorseitige Ursachen	
Unstimmigkeiten an der Ventilsteuerung	Ventilspiele überprüfen und ggf. neu einstellen; s. Abschn. „Ventile einstellen"
Ein oder mehrere Ventile undicht	Kompression überprüfen; s. Abschn. „Motor läuft unregelmäßig"
Motor läuft unregelmäßig (bei Belastung)	
Kraftstoffseitige Ursachen	
Kraftstoffstand im Schwimmergehäuse zu niedrig	Schwimmerstand neu einstellen; s. Abschn. „Vergaser reinigen u. einstellen"
Vergaserdüsen verschmutzt	Düsen und Kanäle reinigen; s. Abschn. „Vergaser reinigen und einstellen"
Kraftstoffpumpe verschmutzt	Pumpensieb und Schlammraum reinigen; s. Abschn. „Kraftstoffpumpe reinigen"
Kraftstoffpumpenventile oder -membran defekt	Pumpenoberteil erneuert; s. Abschn. „Motor springt nicht an"
Zündseitige Ursachen	
Zündkerzen verbraucht oder verschmutzt	Zündkerzen überprüfen; s. Abschn. „Zündanlage warten"
Unterbrecherabstand zu klein oder zu groß	Kontaktabstand neu einstellen; s. Abschn. „Zündanlage warten"
Kondensator ausgefallen	Kondensator erneuern; s. Abschn. „Motor springt nicht an".
Zündspule defekt	Zündspule überprüfen, ggf. erneuern; s. Abschn. „Motor springt nicht an"
Kabelunterbrechung im Nieder- oder Hochspannungsstromkreis	Kabel und -klemmen kontrollieren; s. Abschn. „Motor springt nicht an"
Motor hat zu geringe Leistung	
Motorseitige Ursachen	
Ventilspiel stimmt nicht	Ventilspiele kontrollieren; s. Abschn. „Ventile einstellen"
Ein oder mehrere Ventile verbrannt	Kompression überprüfen; s. Abschn. „Motor läuft unregelmäßig"
Zündseitige Ursachen	
Zündkerzen defekt oder verbraucht	Zündkerzen überprüfen; s. Abschn. „Zündanlage warten"

noch Tabelle 4-1

Erscheinung/Ursache	Abhilfe
Zündeinstellung stimmt nicht	Zündeinstellung überprüfen; s. Abschn. „Zündung einstellen"
Zündspule defekt	Zündspule erneuern; s. Abschn. „Motor springt nicht an"
Kontakt des Verteilerläufers abgenutzt	Verteilerläufer erneuern; s. Abschn. „Motor springt nicht an"
Kondensator defekt	Kondensator erneuern; s. Abschn. „Motor springt nicht an"
Kraftstoffseitige Ursachen	
Unrichtiger Kraftstoffstand im Schwimmergehäuse	Schwimmerstand kontrollieren; s. Abschn. „Vergaser reinigen u. einstellen"
Zu armes Kraftstoff-Luft-Gemisch	Vergaser regulieren; s. Abschn. „Vergaser reinigen u. einstellen"
Sonstige Ursachen	
Radbremsen schleifen (Felgen werden heiß)	Bremsanlage überprüfen; s. Abschn. „Bremsanlage warten"
Kupplung rutscht	Kupplung überprüfen; s. Abschn. „Kupplungsspiel einstellen"
Motor macht unnormale Geräusche	
Dumpfes metallisches Klopfen, dessen Frequenz bei Drehzahlerhöhung mit ansteigt	Fachwerkstatt zu Rate ziehen; s. Abschn. „Motor macht unnormale Geräusche"
Dumpfes metallisches Klopfen im Leerlauf u. bei Belastung	Fachwerkstatt zu Rate ziehen; s. Abschn. „Motor macht unnormale Geräusche"
Helles metallisches Klappern, besonders im Leerlauf (Ventilspiele zu groß)	Ventile neu einstellen; s. Abschn. „Ventile einstellen"
Helles metallisches Klappern trotz richtigen Ventilspiels (Ventilfeder gebrochen)	Fachwerkstatt zu Rate ziehen; s. Abschn. „Motor macht unnormale Geräusche"
Rasselndes Geräusch (Steuerkette zu locker oder ausgeschlagen)	Steuerkette nachspannen bzw. erneuern; s. Abschn. „Steuerkette spannen" und „Motor macht unnormale Geräusche"
Pfeifendes oder heulendes Geräusch im Motorraum (Lichtmaschine oder Wasserpumpe läuft trocken)	Bei Lichtmaschine Fachwerkstatt zu Rate ziehen, bei Wasserpumpe s. Abschn. „Motor macht unnormale Geräusche"
Wasserpumpe undicht	Wasserpumpe erneuern; s. Abschn. „Motor macht unnormale Geräusche"
Motor verliert Öl	
Ventildeckel undicht	Ventildeckeldichtung erneuern; s. Abschn. „Motor verliert Öl"

noch Tabelle 4-1

Erscheinung/Ursache	Abhilfe
Ölfilter undicht	Ölfilter festziehen, ggf. erneuern; s. Abschn. „Öl- und Ölfilterwechsel Motor"
Stirnraddeckel undicht	Stirnraddeckeldichtung erneuern; s. Abschn. „Motor verliert Öl"
Ölwanne undicht	Ölwannendichtung erneuern; s. Abschn. „Motor verliert Öl"
Radialdichtringe der Kurbelwelle undicht	Radialdichtringe erneuern; s. Abschn. „Motor verliert Öl"
Motor verbraucht zuviel Öl	
Verschleiß im Motor	Motor reparieren lassen; s. Abschn. „Motor verbraucht zuviel Öl"
Motor zeigt unregelmäßigen Öldruck	
Öldruckkontrolleuchte verlischt nicht	Ölvorrat im Motor ergänzen; s. Abschn. „Motor zeigt unregelmäßigen Öldruck"
Öldruckanzeige ausgefallen	Glühlampe bzw. Sicherung Nr. 9 erneuern, Öldruckschalter kontrollieren; s. Abschn. „Motor zeigt unregelmäßigen Öldruck"
Motor hat einen zu hohen Kraftstoffverbrauch	
Einstellfehler an Zündung, Ventilen, Vergaser u. a. m.	Kraftstoffverbrauch exakt ermitteln, Einstellfehler beseitigen; s. Abschn. „Motor hat einen zu hohen Kraftstoffverbrauch"
Motor wird zu warm	
Kühlmittelmangel	Kühlsystem kontrollieren; s. Abschn. „Motor wird zu warm"
Thermostat defekt	Thermostat erneuern; s. Abschn. „Motor wird zu warm"
Keilriemen lose	Keilriemen nachspannen; s. Abschn. „Keilriemen spannen"
Kühler zugesetzt	Kühler reinigen; s. Abschn. „Motor wird zu warm"
Zylinderkopfdichtung defekt	Zylinderkopfdichtung in Werkstatt erneuern lassen; s. Abschn. „Motor wird zu warm"
Motor wird nicht warm genug	
Thermostat defekt	Thermostat überprüfen u. ggf. erneuern; s. Abschn. „Motor wird nicht warm genug"
Heizleistung ungenügend	Wärmeaustauscher überprüfen; s. Abschn. „Motor wird nicht warm genug"

damit Spannungsabfall) kontrolliert. Man stellt das durch eine Sichtprüfung mit anschließendem Wackeln an diesen Verbindungen fest, wobei man ganz besonders die Kabelklemmen an den Batteriepolen auf festen Sitz kontrolliert und ggf. säubert.

Zündanlaßschalter: Im Zündanlaßschalter (Bild 4-1) kann der Nocken des Plasteteils (1) abgenutzt sein, so daß kein Kontakt mehr zustande kommt. Eine provisorische Reparatur ist nur durch Nachbiegen der Kontakte (2) möglich.
Der Zündanlaßschalter wird von einem Drahtring (3) im Zündschloß gehalten. Hebelt man den Drahtring mit Hilfe eines kleinen Schraubendrehers heraus, läßt sich der Zündanlaßschalter ausbauen und auf seine Funktion prüfen. Bei diesem Ausbau sollten die Kabel nicht abgezogen werden, um Verwechslungen auszuschließen. Eine dauerhafte Reparatur des Zündanlaßschalters ist nicht möglich. Man erneuert ihn deshalb recht bald. Nur dadurch ist man gegen erneute Störungen dieser Art gefeit.
Die Funktion des Zündanlaßschalters läßt sich mit der Prüflampe kontrollieren. Wird dieselbe an Klemme 15 des Zündschlosses und an Masse angeschlossen, leuchtet sie bei Intaktheit des Zündanlaßschalters bei eingeschalteter Zündung, andernfalls bleibt sie dunkel.

Zündverteiler: Am Zündverteiler sind eine ganze Reihe von Störungen möglich. Alle Störungsursachen lassen sich jedoch relativ leicht beheben.

Verteilerkappe: Die Verteilerkappe einschließlich der Aufnahmen für die Zündkabel, die den Zündfunken vom Verteilerläufer an die jeweils zu versorgende Zündkerze weiterleiten, soll innen und außen sauber und trocken sein. Feuchtigkeit fördert die Bildung von sogenannten Kriechfunkenstrecken (feinste Risse im Innern der Kappe), die den Zündstrom vorzeitig zur Masse überspringen lassen und somit stark schwächen bzw. wirkungslos machen können. Ein Auskratzen dieser feinen Rillen mit einem scharfen Messer oder Schraubendreher, bis wieder gesundes „Fleisch" zu sehen ist, behebt den Schaden vorübergehend. Am Fahrtziel angekommen, muß der Schaden jedoch durch den Einbau einer neuen Verteilerkappe dauerhaft behoben werden.
Die Belüftungsschlitze der Verteilerkappe – dieselben setzen sich gern zu – müssen natürlich offen sein. Sind sie über längere Zeit verstopft, versäuert mit der Zeit der Zündmechanismus mit der Folge, daß die Oberflächen der Metallteile korrodieren, sich der Unterbrechernocken verstärkt abnutzt und damit eine Verschiebung des Zündzeitpunktes in Richtung „spät" eintritt. Verbunden damit

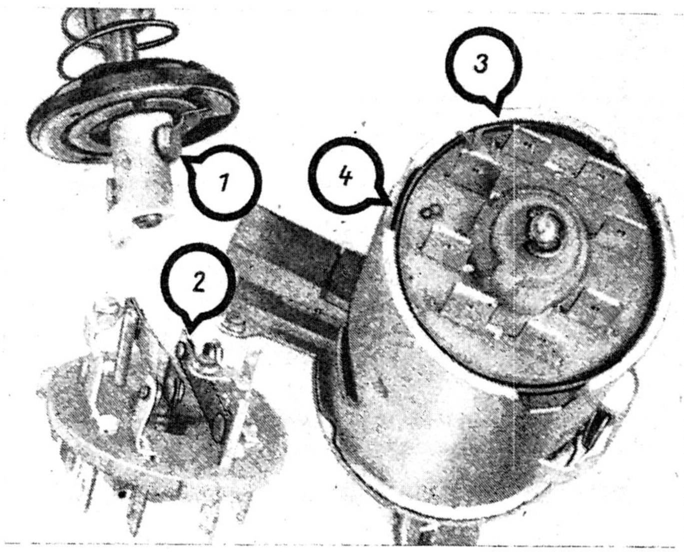

Bild 4-1
Zündanlaßschalter, zerlegt; 1 – Nocken, 2 – Kontakte, 3 – Zündanlaßschalter (komplett), 4 – Drahtring

Bild 4-2
Verteilerläufer; 1 – mit provisorisch überbrücktem Entstörwiderstand, 2 – mit ordentlichem Entstörwiderstand

tritt ein erhöhter Verschleiß an den Unterbrecherkontakten auf, was sich durch Zündaussetzer vor allem im unteren Drehzahlbereich des Motors bemerkbar macht.
Beim Einstecken der Zündkabel in die neue Verteilerkappe können eigentlich kaum Fehler unterlaufen. Die Aufnahmebuchsen für die einzelnen Zündkabel sind entsprechend numeriert. Das Zündkabel des ersten (vorderen) Zylinders gehört also in Aufnahmebuchse 1 usw.

Verteilerläufer: Am Verteilerläufer (Bild 4-2) sind mechanische Schäden so gut wie ausgeschlossen. Sollte er aus irgendeinem Grunde wirklich einmal eingerissen sein, wird er natürlich erneuert. Dazu sind die beiden Schlitzschrauben, die den Verteilerläufer am Fliehkraftregler halten, zu entfernen, ist der neue Verteilerläufer in der durch Vierkant und Nocken vorgegebenen Stellung aufzustecken und sind diese beiden Schrauben abschließend wieder festzuziehen.

Entstörwiderstand: Das Ausfallen des Entstörwiderstandes – derselbe sitzt im Verteilerläufer (s. Bild 4-2) – ist schon eher möglich. Bemerkbar macht sich das Ausfallen dieses Widerstandes durch das Nichtanspringen des Motors bzw. Stehenbleiben desselben während der Fahrt. Hat man keinen neuen Entstörwiderstand zur Hand, drücken wir nach dem Herausnehmen des defekten Widerstandes in dessen Sitz ein entsprechend geformtes Stückchen Stanniolpapier oder auch ein Stückchen Draht hinein, womit wir die Zündfunktion zunächst wieder hergestellt haben. Eine Dauerlösung ist das jedoch nicht. Die Grundentstörung des Fahrzeugs hinsichtlich des Rundfunk- und Fernsehempfangs ist hiermit nicht garantiert. Infolgedessen ist dieses Provisorium so schnell wie möglich wieder zu beseitigen, andernfalls werden Rundfund- und Fernsehempfang empfindlich gestört.

Unterbrecherkontakte: Die Unterbrecherkontakte verschleißen mit der Zeit. Im Abschnitt „Zündanlage warten“ ist beschrieben, wie sie nachgestellt werden. Hier sei darum nur erläutert, wie sie gewechselt werden: Verteilerkappe abnehmen; Halteschrauben herausdrehen; flexibles Kabel von der Klemme abziehen; Einbau der neuen Kontakte in umgekehrter Reihenfolge; Einstellen des Kontaktabstandes wie im Abschnitt „Zündanlage warten“ beschrieben.

Kondensator: Ein schneller Abbrand an den Unterbrecherkontakten ist meist auf einen defekten Kondensator zurückzuführen; ganz abgesehen davon, daß ein ausgefallener (durchschlagender) Kondensator das einwandfreie Arbeiten der Zündanlage und damit das Starten des Motors bei vollem Ausfall unmöglich macht.

Unterbrecherkabel: Das kleine flexible Kabel im Unterbrechergehäuse, angeschlossen am Unterbrecher und an Klemme 1, kann an Masse liegen oder unterbrochen sein. Und da es mit dem Unterbrecherkontakt eine Einheit bildet, kann der Unterbrecherkontakt im Schadensfalle, wenn der Schaden durch Nachlöten nicht zu beheben ist, nur gewechselt werden.

Zündspule: Die Zündspule ist wartungsfrei und verhältnismäßig unempfindlich. Wir achten dennoch auf ihre gute Verbindung mit Masse und daß Wasser und Schmutz von ihr fernbleiben.

Kriechfunkenstrecken: Wenn Zündfehler auch recht selten auf die Zündspule zurückzuführen sind, sollten wir dennoch nicht außer acht lassen, daß insbesondere Feuchtigkeit, verbunden mit Öl und Schmutz auf dem Zündspulenhals, das Entstehen von Kriechfunkenstrecken, die das Überspringen des hochgespannten Zündstromes zur Masse ermöglichen, ohne daß dieser bis zur Zündkerze gelangt, begünstigen. Stellen wir solche Kriechspuren fest, werden dieselben so ausgekratzt, wie unter dem Stichwort „Zündverteiler" beschrieben, und die Zündspule nach Erreichen des Reisezieles erneuert. Eine Reparatur der Zündspule ist nicht möglich.

Zeitweilige Zündstörungen: Sie können darauf zurückführen sein, daß sich die Kabelverbindungen an den Klemmen der Zündspule gelöst haben. Besonders gern rutscht das Zündkabel aus der Klemme 4 (mittlere Klemme) ein Stückchen heraus, was das Weiterleiten des in der Zündspule erzeugten hochgespannten Zündstromes zum mittleren Kontakt des Zündverteilers und damit zu den Zündkerzen unmöglich macht. Als Folge springt der Motor nicht an.

Überprüfungsmöglichkeiten: Am unbezeichneten Zündspulenanschluß, von dem die Leitung zum Verteiler bzw. Unterbrecher führt, wird die Prüflampe angeschlossen. Ihr zweiter Anschluß kommt an Masse. Bei eingeschalteter Zündung leuchtet hier die Prüflampe, wenn die Unterbrecherkontakte geöffnet sind und die Primärwicklung der Zündspule Durchgang hat. Leuchtet die Prüflampe nicht, ist entweder die Zündspule defekt oder der Kondensator schlägt durch. Bei geschlossenen Unterbrecherkontakten und eingeschalteter Zündung darf die Prüflampe bei diesem Anschluß nicht leuchten. Leuchtet sie, schließen die Kontakte des Unterbrechers nicht vollständig. Bei verölten Kontakten ist das möglich, denn Öl isoliert.

Die Sekundärwicklung der Zündspule können wir nur überprüfen, indem wir kontrollieren, ob bei den von den Zündkerzen abgezogenen Zündkabeln beim Gegenhalten dieser Kabel im Abstand von 7 bis 10 mm gegen Masse beim Starten des Motors kräftige Zündfunken zur Masse überspringen. Andernfalls bleibt uns, wenn die Zündkabel selbst in Ordnung sind, nur übrig, eine neue Zündspule einzubauen.

Zündkerzen: Die Auswirkung defekter Zündkerzen auf den Motorlauf ist im Abschnitt „Zündanlage warten" beschrieben. Hier sei dazu noch folgendes erklärt:

Nasse Zündkerzen sind darauf zurückzuführen, daß entweder der Vergaser übergelaufen ist (s. Abschnitt „Vergaser reinigen und einstellen"), oder daß bei warmem Motor mit gezogener Starterklappe gestartet wurde. Springt der Motors selbst nach mehrmäligen Startversuchen nicht an, kann man die Zündkerzen nur ausbauen und reinigen.

Verrußte Zündkerzen kommen bei häufigem Kurzstreckenbetrieb vor. Verrußen die Zündkerzen aber auch bei längeren Fahrten, könnten der Luftfiltereinsatz verschmutzt oder auch der Vergaser nicht richtig eingestellt sein. Das Wechseln des Luftfiltereinsatzes ist im Abschnitt „Luftfilter warten" beschrieben, das Einstellen des Vergasers im Abschnitt „Vergaser reinigen und einstellen".

Verölte Zündkerzen deuten inbesondere dann, wenn das ein Dauerzustand geworden ist, auf mögliche Fehler im Motor hin. Es können hier Kolbenringe undicht geworden oder gebrochen bzw. ein insgesamt hoher Verschleiß eingetreten sein. Das Beheben dieses Fehlers ist nur in der Vertragswerkstatt möglich.

Anlasser: Startschwierigkeiten können auch auf Fehler in der Startanlage zurückzuführen sein. Zur Startanlage gehören Batterie, Zündanlaßschalter, Anlasser mit Magnetschalter

Bild 4-3
Anlasser mit Magnetschalter;
1 – Ritzel,
2 – Klemme 30,
3 – Klemme 50

(Bild 4-3) sowie die notwendigen Kabelverbindungen. Fehler hieran machen sind insbesondere so bemerkbar:

Anlasser läuft nicht an: Läuft der Anlasser beim Drehen des Zündschlüssels in Stellung Starten nicht an, nehmen wir zunächst alle Kabelklemmen des Stromkreises der Startanlage (Bild 4-4) in Augenschein und stellen hierbei fest, ob alle Klemmen fest sitzen und nicht oxidiert sind, und auch, ob die Kabel selbst in Ordnung sind, d. h., nicht irgendwo durchgescheuert sind und an Masse anliegen. Danach prüfen wir den Ladezustand der Batterie, wie im Abschnitt „Batteriepflege" bzw. „Mögliche Störungen an der Zünd- und Startanlage" beschrieben. Jetzt müßte der Anlasser beim erneuten Starten eigentlich anlaufen. Tut er das nicht, starten wir den Motor mit der Handkurbel. In der Regel springt dieser an, vorausgesetzt, es sind alle Kabelverbindungen der Startanlage in Ordnung.

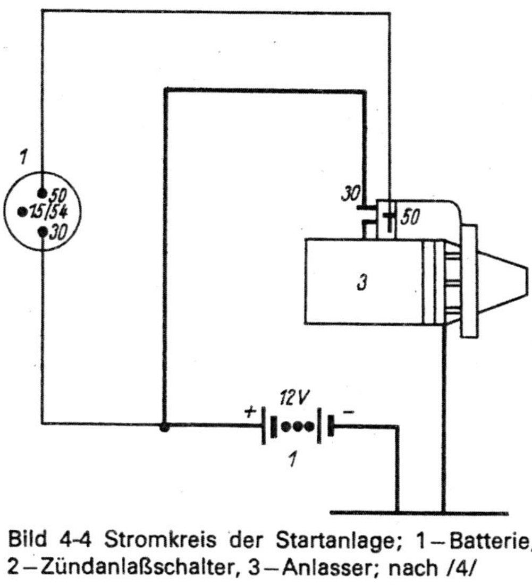

Bild 4-4 Stromkreis der Startanlage; 1 – Batterie, 2 – Zündanlaßschalter, 3 – Anlasser; nach /4/

Steuerstromkreis: Eine Überprüfung des Magnetschalters des Anlassers mit Hilfe der Prüflampe bringt uns in der Fehlersuche in der Regel einen Schritt weiter. Schaltet man die Prüflampe an Klemme 50 des Anlassers (es ist der Bolzen, an dem das dünne Kabel anliegt) und Masse, leuchtet die Prüflampe beim Einschalten der Stellung Starten auf. Das ist das Zeichen dafür, daß die Stromzuführung von der Batterie über das Zündschloß bis zum Magnetschalter in Ordnung ist. Der Fehler liegt dann im Magnetschalter. Ein Starten des Motors kann auch in diesem Falle nur mit Hilfe der Andrehkurbel erfolgen. Das Auswechseln des Magnetschalters überlassen wir der Fachwerkstatt. Unter Umständen kann der Fehler auch im Anlasser selbst liegen. Seine Lokalisierung ist in diesem Falle recht schwierig. Man betraut deshalb die Fachwerkstatt mit seiner Beseitigung.

Anlasser dreht nur träge: Dreht der Anlasser während des Startvorgangs den Motor nur träge durch, um schließlich ganz stehenzubleiben, ist mit Sicherheit der Ladezustand der Batterie nicht in Ordnung bzw. sind zwischen Batteriekabelklemmen und Batteriepolen hohe Übergangswiderstände (Oxide) und damit hohe Spannungsverluste vorhanden. Man reinigt alle in Frage kommenden Klemmstellen, und der Anlasser müßte eigentlich wieder normal drehen. Wenn nicht, ist ein ordentlicher Ladezustand der Batterie herzustellen. Im Abschnitt „Batteriepflege" ist das beschrieben. Ein Starten des Motors mit der Andrehkurbel hilft uns auch in diesem Fall weiter, vorausgesetzt, die Batterie ist noch in der Lage, den notwendigen Zündstrom zu liefern.

Anlasser macht knatternde Geräusche: Ein knatterndes Geräusch im Anlasser während des Startvorgangs deutet auf einen Defekt im Magnetschalter oder im Anlasser selbst, hier vorwiegend am Anlasserritzel (Freilauf), hin. Das Beseitigen der Störung überläßt man der Fachwerkstatt. Auch in diesem Falle ist ein Starten des Motors mit Hilfe der Andrehkurbel möglich.

Anlasser heult beim Starten auf: Heult der Anlasser beim Startvorgang auf, ohne daß der Motor mitgedreht wird, spurt das Anlasserritzel nicht in den Zahnkranz der Schwungscheibe der Kurbelwelle ein. Ursachen können ein beschädigtes Ritzel oder auch eine beschädigte Schwungradverzahnung sein. Das Beheben des Schadens überlassen wir wieder der Fachwerkstatt. Nur hier kann beurteilt werden, in welcher Form sich der Schaden beheben läßt; ob durch Erneuerung des Ritzels oder durch das Umdrehen des Zahnkranzes auf der Schwungscheibe. Ein Starten des Motors ist auch in diesem Falle mit Hilfe der Andrehkurbel möglich.

Anlasser knackt beim Starten: Gibt der Anlasser beim Starten knackende Geräusche von sich, ohne den Motor mitzudrehen, spurt das Ritzel des Anlassers gleichfalls nicht in den Zahnkranz die Schwungscheibe ein. Ursache kann sein, daß die dem Anlasserritzel gegenüberliegende Verzahnung des Schwungrades gerade an dieser Stelle eine starke Gratbildung zeigt, was das Einspuren des Ritzels verhindert. Dreht man den Motor mit der Andrehkurbel etwa eine halbe Umdrehung weiter, spurt das Anlasserritzel dann auch meist wieder richtig ein. Die Beseitigung dieses Schadens überläßt man der Fachwerkstatt.

Anlasserritzel spurt nicht aus: Spurt das Anlasserritzel nach dem Anspringen des Motors nicht wieder aus, besteht höchste Gefahr für den Anlasser. Der Anlasser läuft mit dem Motor ständig mit und ist in kürzester Zeit zerstört. Man schaltet darum sofort die Zündung aus bzw. löst, wenn das nicht hilft, das Minuskabel von der Batterie, damit der Motor stehenbleibt.
Ursache für diese ernstzunehmende Störung ist meist der Magnetschalter. Seine Kontakte sind regelrecht miteinander verschweißt. Die Rückzugfeder des Magnetschalters ist in diesem Falle einfach nicht in der Lage, den Hauptstromkreis zu unterbrechen, so daß der Anlasser weiter in Betrieb bleibt und vom Motor überdreht würde. Ein Beheben dieses Schadens ist nur durch Erneuerung des Magnetschalters möglich. Ein Starten des Motors mit Hilfe der Andrehkurbel ist in einem solchen Falle nicht möglich. Man kann, wenn einem das unterwegs passiert, nur den Kfz-Abschleppdienst informieren.

Mögliche Störungen an der Kraftstoffanlage

Die Tabelle 4-1 enthält gleichzeitig die möglichen kraftstoffseitig bedingten Störungen, die wir aus eigener Kraft beheben können. An selbst auszuführenden Arbeiten ergeben sich:

Tank und Leitungen: Sind alle zündseitig möglichen Störungsursachen untersucht und ggf. abgestellt worden und der Motor springt dennoch nicht an, kann es ihm beim Starten eigentlich nur noch an Kraftstoff mangeln. Auch in diesem Falle gehen wir in der Störungssuche wieder planmäßig vor, um den Fehler schnell zu finden.

Tankbelüftung: An das berühmte kleine Loch im Deckel des Kraftstoffbehälters — es dient zur Belüftung des Tanks — denken wir zuerst.

Hat es sich zugesetzt, wird das Vakuum im Tank schließlich so groß, daß sich die Kraftstoffpumpe vergeblich bemüht, die jeweils abhängig von den Fahrzuständen notwendige Menge Kraftsoff zum Vergaser zu pumpen. Man schraubt den Deckel des Tanks daher ab und betätigt den Handhebel der Kraftstoffpumpe. Nach etwa 4 bis 5 Hüben mußte aus dem Schlauch, der von der Kraftstoffpumpe zum Vergaser führt und den wir vorher am Vergaser abgezogen haben, Kraftstoff austreten. Wenn nicht, kann sich nur die Kraftstoffleitung zugesetzt haben.

Kraftstoffpumpe fördert keinen Kraftstoff: Bei dieser Situation liegt der Verdacht nahe, daß die Kraftstoffleitung, die vom Kraftstoffbehälter (Tank) zur Kraftstoffpumpe führt, verstopft ist. Schließt man die Kraftstoffleitung (den Schlauch) hinter der Kraftstoffpumpe ab, setzt hier die im Bordwerkzeug befindliche Luftpumpe an und bläst mit Hilfe dieser Pumpe die Kraftstoffleitung zum Tank hin durch, hört man bei intakter Leitung das Wallen des Kraftstoffes im Tank. Bleibt das Geräusch aus, ist die Leitung irgendwo zugesetzt. Ist die Leitung jedoch frei geworden und wiederholt sich die Situation, kommt man nicht umhin, den Tank auszubauen und gründlich zu reinigen.
Das Ausbauen des Tanks ist relativ einfach möglich. Spannband lösen, Abdeckung entfernen, Anschlüsse der Kraftstoffleitung und des Gebers der Kraftstoffanzeige abnehmen und den Tank herausheben. Ist der Tank ausgebaut, wird der Kraftstoff ausgegossen, am besten in einen Eimer, damit sich Schmutz und Kondenswasser nach unten absetzen können, und wird danach der Tank mit sauberem Kraftstoff ausgespült. Der abgelassene Kraftstoff kann wieder verwendet werden, bis auf den Satz mit den Verunreinigungen. Der Einbau des Tanks geschieht in umgekehrter Reihenfolge des Ausbaus. Besonders sorgfältig wird abschließend die Kraftstoffleitung befestigt.

Kraftstoffpumpe fördert zu wenig Kraftstoff: Eine ähnliche Situation von Kraftstoffmangel tritt auf, wenn die Kraftstoffleitung, die teils innerhalb, teils unterhalb der Karosserie verlegt ist, an irgendeiner Stelle, oder auch die Kraftstoffpumpe (Schrauben des Deckels nicht genügend festgezogen) undicht geworden ist. Man muß in diesem Falle schon prüfen, wo Luft in das Saugsystem hineingelangt und die Undichtheit beseitigen, anderenfalls wird der Motor immer unruhig laufen.

Kraftstoffpumpe: Sind Kraftstoffbehälter und Kraftstoffleitung für in Ordnung befunden worden, wird die Kraftstoffpumpe auf ihre Funktion hin überprüft. Dazu zieht man den Schlauch, der vom Ausgangsstutzen der Pumpe zum Vergaser führt, am Ausgangsstutzen der Pumpe ab, steckt hier ein ähnliches Stück Schlauch, das möglichst in einem Gefäß enden sollte (Sicherheit), auf und betätigt nun den Handhebel der Pumpe. Bei jedem Hub muß ein ausgiebiger Strahl Kraftstoff in das Gefäß fließen. Geschieht das nicht und läßt sich der Handhebel ohne jeden Widerstand bewegen, steht der Nocken der Pumpe gerade auf vollen Hub, was sie Handbetätigung außer Funktion setzt. Dreht man den Motor mit der Handkurbel jedoch um etwa eine Umdrehung weiter und wiederholt jetzt dem Pumpvorgang, müßte Kraftstoff gefördert werden. Bleibt der Erfolg aus, kann die Kraftstoffpumpe stark verschmutzt oder auch eines ihrer Ventile defekt (undicht) sein. In diesem Falle setzen folgende Maßnahmen ein:

Kraftstoffpumpe verschmutzt: Es wird der halbkugelförmige Pumpendeckel abgenommen und werden danach Kraftstoffsieb und Pumpenkammer gereinigt. Im Abschnitt „Kraftstoffpumpe reinigen" ist das beschrieben. Nach dem Anbauen des Pumpendeckels müßte die Kraftstofförderung wieder gewährleistet sein. Wenn nicht, können tatsächlich die Ventile defekt sein. In diesem Falle machen wir folgendes:

Pumpenventile undicht: Die Kraftstoffpumpe besitzt zwei Ventile, ein Saug- und ein Druckventil. Sie regeln den Durchfluß des Kraftstoffs durch die Pumpe. Ist auch nur eines dieser Ventile defekt (undicht), setzt die Kraftstofförderung aus. Die Folge ist das Nichtanspringen des Motors beim Starten. Diese Ventile werden als Ersatzteile nicht gehandelt. Infolgedessen bleibt uns nur übrig, das Oberteil der Kraftstoffpumpe oder die gesamte Kraftstoffpumpe komplett zu wechseln.

Pumpenmembran defekt: Ähnliche Folgen wie die undichten Ventile der Kraftstoffpumpe hinterlassen die defekten Membranen der Pumpe; die Kraftstofförderung bleibt aus. Im Unterschied zu den Ventilen der Pumpe lassen sich defekte Membranen aber auswechseln, wobei das Auswechseln mit den gleichen Arbeitsgängen geschieht, wie das beim Auswechseln oder Reinigen des Pumpenoberteils notwendig ist. Die neuen Membranen müssen dabei wie die alten Membranen in den Stößel eingehangen werden. Um dabei keinen Fehler zu machen, sieht man sich vorher genau an, wie die alten Membranen saßen.

Pumpenantriebsmechanik: Unstimmigkeiten in der Antriebsmechanik der Kraftstoffpumpe lassen sich nicht so einfach beheben. Und zwar aus folgendem Grund: Zuerst einmal muß die Kraftstoffpumpe komplett vom Motor abgebaut werden. Das ist noch relativ leicht möglich. Sind die zwei Befestigungsmuttern abgeschraubt, kann die Pumpe von den Stehbolzen abgehoben werden. Aber Vorsicht, die Dichtungen möglichst am Motor belassen! Ist die Kraftstoffpumpe schließlich repariert oder auch eine neue Pumpe erworben worden, muß vor dem Anbau der neuen Pumpe die Einstellung oder der sogenannte Förderhub geprüft werden. Gemeint ist damit der Überstand des Stößels, der im Motorengehäuse steckt und der später die Pumpe antreiben soll. Und das machen wir so:

Pumpenförderung: Die Funktion der Kraftstoffpumpe prüft man, indem man auf den tankseitigen Stutzen der Pumpe ein Stück passenden Kraftstoffschlauches von etwa 1 m Länge aufschiebt und sein anderes Ende in ein Gefäß mit Kraftstoff taucht. Hält man nun die Pumpe etwa 80 cm über den Kraftstoffspiegel und betätigt den Handhebel, muß nach höchstens 20 Hüben Kraftstoff gefördert werden. Ist das der Fall, ist die Kraftstoffpumpe anbaureif.

Kraftstoffpumpe anbauen: Der Stößel der Pumpe ist beim Abbauen der alten Pumpe ja im Motor verblieben, ebenso die Dichtungen auf den Stehbolzen. Infolgedessen kann jetzt eine zweite Person den Motor mit der Andrehkurbel so weit nach rechts weiterdrehen, bis der Stößel, den man hierbei mit der Hand in den Motor hineindrückt, seine tiefste Stellung erreicht hat. Nunmehr wird eine zweite Dichtung auf die Stehbolzen geschoben und der Überstand des Stößels über diese Dichtung gemessen. Ergibt das Meßergebnis etwa 1 mm Überstand des Stößels, ist das Ziel erreicht. Anderenfalls wird der Überstand durch Verändern der Dichtungen entsprechend reguliert. Dichtungen unterschiedlicher Dicke (0,3 mm; 0,7 mm und 1,2 mm) sind im Angebot des Fachhandels. Ist das Antriebssystem der Kraftstoffpumpe auf diese Weise exakt reguliert, kann die neue Kraftstoffpumpe angebaut und in einer Probefahrt getestet werden.

Vergaser: Oftmalige Ursache für Startschwierigkeiten sind Unstimmigkeiten am Vergaser; zugesetzte Düsen, unrichtiger Schwimmerstand, klemmende Betätigungseinrichtungen. Ihre Beseitigung ist auch dem Nichtfachmann möglich. Doch zunächst einmal folgendes: Bei allen WAS-Typen mit ihren Doppelfallstromvergasern werden die beiden Ansaugschächte stufenweise in Tätigkeit gesetzt, indem die beiden Drosselklappen, von einem Hebelwerk mechanisch betätigt, beim Gasgeben nacheinander geöffnet und beim Gaswegnehmen gleichfalls nacheinander wieder geschlossen werden. Unstimmigkeiten an diesem recht komplizierten Kraftstoffversorgungssystem gefährden natürlich das Startverhalten des Motors und auch seinen Betrieb in den einzelnen Fahrzuständen.

Düsen zugesetzt: In den Bildern 3-10 und 3-11 sind die Hauptdüsen und die Leerlaufdüse markiert. Scheinen sie verstopft zu sein, schraubt man sie heraus und bläst sie und die Kanäle mit Hilfe der im Bordwerkzeug vorhandenen Luftpumpe — der zum Reinigen vorgesehene Aufsatz hängt ja am Schlauch — durch. Im Abschnitt „Vergaser reinigen und einstellen" ist das näher beschrieben.

Starteinrichtung klemmt: Die Starterklappe wird vom Starterzug über ein Hebelwerk geschlossen. Wenn der Motor läuft, wirkt jedoch

der Unterdruck im Saugrohr auf die Startmembran, die über das Hebelwerk die Starterklappe um einen bestimmten Betrag öffnet. Die Starteinrichtung kann in ihren Betätigungsteilen infolge Verschmutzung durchaus einmal klemmen. Das zieht im kalten Zustand des Motors Startschwierigkeiten und im warmen Zustand desselben eine schlechte Laufkultur und steigenden Kraftstoffverbrauch nach sich. In einem solchen Falle wird das Hebelwerk, und hier insbesondere das Teleskopgestänge, auf Funktionstüchtigkeit überprüft und wieder gangbar gemacht.
An der Membran treten außer dem Klemmen des Betätigungsgestänges infolge Verschmutzung kaum Störungen auf. Zu beachten ist, daß bei geschlossener Starterklappe die Drosselklappe der ersten Stufe 0,8...0,85 mm, gemessen gegenüber der Drosselklappenwelle, geöffnet ist.

Motor springt nicht an
(im warmen Zustand)

Alle in Tabelle 4-1 unter zündseitige bzw. kraftstoffseitige Ursachen aufgeführten und in den dazugehörigen Texten beschriebenen Fehlerquellen können natürlich auch am warmen Motor auftreten. Besonders häufig sind in diesem Falle Vergaserfehler. Einige der typischen Ursachen sind:
- Falsche Einstellung des Leerlaufsystems
- Kraftstoffstand im Schwimmergehäuse zu hoch
- Schwimmer defekt
- Schwimmernadelventil verschmutzt bzw. undicht

Alle vier Störungsursachen einschließlich der Maßnahmen zu ihrer Beseitigung sind im Abschnitt „Vergaser reinigen und einstellen“ beschrieben.

Motor läuft unregelmäßig
(im Leerlauf)

Diese Art der Motorstörung kann wieder mehrere Ursachen haben, u. a. folgende Unstimmigkeiten am Vergaser:
- Leerlaufdüse oder -kanal verstopft
- Leerlauf falsch eingestellt
- Drosselklappen klemmen
- Nebenluft im Ansaugsystem

Die Beseitigung der ersten beiden Störungsursachen ist im Abschnitt „Vergaser reinigen und einstellen“ beschrieben, die Beseitigung der beiden anderen sei hier erklärt:
Ein Klemmen der Drosselklappen macht sich dadurch bemerkbar, daß der Motor nach dem Gaswegnehmen mit überhöhter Leerlaufdrehzahl weiterläuft. In diesem Falle wird zuerst überprüft, ob die Rückholfeder des Gasgestänges gebrochen ist. Danach überprüft man die Übertragungselemente einschließlich des Teleskops der Starteinrichtung auf Gangbarkeit.
Nebenluft im Ansaugsystem kommt besonders bei älteren Fahrzeugen vor. Hier ist gewöhnlich das Überlaufröhrchen, das unterhalb des Vergasers in den Ansaugkrümmer mündet, abgebrochen. Die Folge davon ist, daß sich die dem Vergaser über dieses Überlaufröhrchen zugeführte Luftmenge erhöht und der Motor im Leerlauf sowie im Übergang unregelmäßig läuft. In einem solchen Falle wird das Überlaufröhrchen erneuert.
Nebenluft im Ansaugsystem kommt ferner dadurch zustande, daß eine Dichtung der Flanschverbindung am Vergaser oder am Ansaugkrümmer defekt ist. In diesem Falle ist es erforderlich, die schadhafte Dichtung zu erneuern. Sollte das die Vergaserflanschdichtung sein, muß der Vergaser abgebaut werden. Reihenfolge:
- Luftfilter abbauen
- Kraftstoffleitung abschließen
- Gasgestänge abschließen
- Bowdenzug für Startklappe abschließen
- Schlauchverbindungen für Vorwärmung lösen
- 4 Flanschmuttern (SW 13) abschrauben
- Vergaser abheben
- Dichtung erneuern
- Vergaser wieder anbauen

Unstimmigkeiten an der Zündanlage können folgende Ursachen haben:
- Eine oder mehrere Zündkerzen schadhaft bzw. verbraucht
- Elektrodenabstände der Zündkerzen zu groß
- Zündeinstellung falsch (zuviel Frühzündung)
- Fehler im Hochspannungsstromkreis

Für die Beseitigung der Störungen an der Zündanlage gilt ähnliches wie für die Vergaserstörungen. Man kontrolliert den Zustand der daran beteiligten Teile oder Baugruppen und stellt die hier erforderlichen Werte neu ein. Für die ersten beiden Störungsursachen ist das im Abschnitt „Zündanlage warten" und für die dritte Störungsursache im Abschnitt „Zündung einstellen" beschrieben. Die Maßnahmen zur Beseitigung der vierten Störungsursache seien hier erläutert.

Zu den Fehlern im Hochspannungsstromkreis zählen Rißbildungen an Verteilerkappe oder Zündspule, Verunreinigung, verbrauchte (brüchige) Zündkabel und defekte Kerzenstecker. Man beseitigt sie so, wie im Abschnitt „Mögliche Störungen an Zünd- und Startanlage" beschrieben.

Unstimmigkeiten an der Ventilsteuerung haben meist folgende Ursachen:

– Ventilspiel zu klein
– Ventile undicht

Ein unruhiger Leerlauf des Motors tritt schon ein, wenn auch nur ein Ventil zu eng, d. h. das Ventilspiel zu klein eingestellt ist. Das bestätigt die Empfehlung im Abschnitt „Ventile einstellen", nach der es ganz besonders bei dieser Tätigkeit auf ein sorgfältiges Arbeiten ankommt, und zwar beim Einstellen aller acht Ventile.

Will man wenigstens annähernd prüfen, ob ein Ventil oder mehrere Ventile zu wenig Spiel haben, dreht man den betriebswarmen Motor mit der Andrehkurbel mehrmals durch. Bei jeder Umdrehung muß man jeweils zwei gleiche Kompressionswiderstände spüren. Ist das nicht der Fall, ist mit Sicherheit zumindest ein Ventilspiel falsch. In diesem Falle muß man schon die Einstellung aller Ventile überprüfen, wie das im Abschnitt „Ventile einstellen" beschrieben ist, und die Ventile ggf. neu einstellen. Schon ein undichtes Ventil beeinflußt den Leerlauf des Motors, denn die Kompression in dem dazugehörigen Zylinder weicht dann von den anderen ab, wodurch sich der unruhige Motorlauf ergibt.

Eine genaue Überprüfung der Ventile auf Dichtheit ist nur mit einem Kompressionsdruckprüfer möglich. Man beauftragt mit der Kompressionsprüfung deshalb auch die Vertragswerkstatt oder eine Diagnosestation. Nimmt man im Gegensatz dazu die Überprüfung mit einem geliehenen Gerät selbst vor, geschieht das wie folgt:

1. Motor auf Betriebstemperatur bringen
2. Alle Zündkerzen herausschrauben
3. Druckprüfer in die Kerzenaufnahme des ersten Zylinders einsetzen
4. Den Motor mit Hilfe des Anlassers drehen – er macht dabei bei vollgeladener Batterie etwa 300 U/min –, den Kompressionswert ablesen und notieren
5. Den Druckprüfer in die Kerzenaufnahme des zweiten Zylinders einsetzen und den Meßvorgang auch hier vornehmen
6. Zylinder drei und vier auf die gleiche Weise prüfen.

Ist die Kompression aller vier Zylinder geprüft und ergaben sich hierbei unterschiedliche Werte – Druckdifferenzen bis zu 100 kPa (1 kp/cm^2) sind zulässig – muß entschieden werden, was zu geschehen hat. Liegt der Kompressionsdruck – der Mindestdruck soll 1100 kPa (11 kp/cm^2) betragen – bei dem einen oder anderen Zylinder unterhalb dieses Wertes, müssen entweder die Ventile nachgeschliffen oder erneuert werden. Und diese Entscheidung bzw. Arbeit überläßt man der Vertragswerkstatt. Ihre Mitarbeiter verfügen über die notwendigen Erfahrungen und Werkzeuge.

Motor läuft unregelmäßig
(bei Belastung)

Bei Belastung des Motors, d. h. bei ausgelastetem Fahrzeug und höherer Geschwindigkeit, machen sich alle die zünd- und kraftstoffseitigen Unstimmigkeiten bemerkbar, die im normalen Fahrbetrieb kaum in Erscheinung treten, wie zögernde Gasannahme, relativ lahme Beschleunigung u. a. m. Als Ursache kommt in der Regel Kraftstoffmangel in Frage, hervorgerufen durch

– zu niedrigen Schwimmerstand,
– verschmutzten Vergaser,
– verschmutzte Kraftstoffpumpe,
– undichte Ventile oder defekte Membran.

Alles also kraftstoffseitig bedingte Störungsursachen, die sich sowohl am kalten wie auch am warmen Motor zeigen und die in den betreffenden Sachabschnitten bereits behandelt worden sind. Ergänzt werden diese

Störungsursachen allerdings durch die zündseitig bedingten Unstimmigkeiten, wie

- defekte oder verbrauchte Zündkerzen,
- nicht stimmender Unterbrecherabstand,
- ausgefallener Kondensator,
- defekte Zündspule und
- Kabelunterbrechung im Nieder- oder Hochspannungsstromkreis.

Aber auch die Maßnahmen zur Beseitigung dieser Störungsursachen sind bereits beschrieben worden. In Tabelle 4-1 findet man die Hinweise auf die betreffenden Fachabschnitte.

Motor hat zu geringe Leistung

Mangelnde Leistung des Motors wird gern als allgemeine Erklärung dafür benutzt, wenn das Fahrzeug irgendwo eine kleine Schwäche im Bereich des Triebwerkes zeigt. Die Fachleute in den Werkstätten können mit dieser Bemerkung aber leider recht wenig anfangen. Darum ist es schon besser, man achtet bewußt darauf, durch welche speziellen Anzeichen sich die mangelnde Leistung des Triebwerkes bemerkbar macht und sagt dies in der Werkstatt. Beispielsweise „klingelt" der Motor bei Unstimmigkeiten in der Kraftstoffversorgung oder setzt die Zündung an dem einen oder anderen Zylinder zeitweilig aus, wenn Ventil- oder Zündeinstellung nicht stimmen. Darum soll versucht werden, auch einige Erklärungen für die Umschreibung „Mangelnde Leistung des Motors" zu geben, wobei sich naturgemäß die Bilder der Schadensursachen mit dem vorher Gesagten u. U. sehr ähneln.

Motorseitige Ursachen für zu geringe Triebwerksleistung können sein:
- Falsches Ventilspiel
- Ventile verbrannt

Zündseitige Ursachen sind gekennzeichnet durch
- verbrauchte Zündkerzen,
- falsche Zündeinstellung,
- abgenutztem Unterbrecherkontakt,
- abgenutztem Kontakt des Verteilerläufers,
- defektem Widerstand im Verteilerläufer,
- defektem Kondensator,
- ausgeschlagenem Zündverteiler (Welle oder Nocken).

Zum Teil also auch wieder Schadenserscheinungen, deren Ursachen wir selbst ermitteln und beheben können. Nicht gelingen wird uns das bei der Beurteilung der Ventile, ob dieselben verbrannt sind, und bei der Beurteilung des Zündverteilers, ob dessen Welle oder Nocken ausgeschlagen oder abgenutzt sind. Wir bemühen uns in diesen speziellen Fällen auch rechtzeitig um den Rat und die Hilfe des Fachmannes.

Kraftstoffseitige Ursachen werden charakterisiert durch
- einen falschen Schwimmerstand und/oder
- ein zu armes Kraftstoff-Luft-Gemisch,

wobei sich die erstere Störungsursache durchaus in Selbsthilfe ermitteln und beheben läßt (s. Abschn. „Vergaser reinigen und einstellen"). Bei der zweiten Störungsursache ist das unter Umständen auch möglich. Es setzt jedoch voraus, daß der Vergaser geöffnet und anhand der Düsen-Bestückungstabelle in Anlage 1 die Düsenbestückung überprüft und gegebenenfalls korrigiert wird.

Sonstige Fehlerursachen, die gleichfalls an der Leistung des Motors zehren, können
- schleifende oder festsitzende Radbremsen und
- eine rutschende Kupplung

sein. Aber wir haben ja bereits erfahren, wie man die Radbremsen kontrolliert und auch die Kupplung nachstellt. Übrig bleibt uns somit nur noch der Rat, alle Arbeiten zur Beseitigung dieses oder jenes kleinen Triebwerkschadens recht sorgfältig auszuführen. Nur so erhalten wir uns die Freude an unserem im Prinzip sehr zuverlässigen und auch robusten WAS.

Motor macht unnormale Geräusche

Die WAS-Motoren sind an und für sich nicht die leisesten. Ursache dafür sind der relativ dünnwandige Motorblock, dessen Wände andererseits aber die im Fahrbetrieb entstehende Verbrennungswärme gut an die Kühlflüssigkeit abgeben, und die durch eine Kette angetriebene obenliegende Nockenwelle, von der wiederum die Ventile über Schwinghebel

gesteuert werden. Diese konstruktionsbedingten Geräusche empfindet der WAS-Fahrer aber durchaus nicht als lästig, lassen sie sich doch durch vorschriftsmäßig eingestellte Ventile und eine stets richtig gespannte Steuerkette recht gut beherrschen. Erhöhen sich jedoch diese Geräusche und tritt vielleicht sogar ein Klopfen oder Schlagen des Motors im Leerlauf oder bei Belastung auf, ist es stets zweckmäßig, sofort die Vertragswerkstatt zu konsultieren. Nur hier kann die Ursache für diese unnormalen Geräusche ermittelt und beseitigt werden. Der Nichtfachmann sollte sich auf diesem Gebiet gar nicht erst versuchen, eben, weil es für ihn fast unmöglich ist, den Fehler richtig zu deuten und anschließend zu beseitigen.
Welche unnormalen Geräusche können nach längerer Laufzeit des Fahrzeugs auftreten, und vor allem, wo können sie sich einstellen?

Kurbeltrieb: Am Kurbeltrieb – es gehören hierzu Kolben, Kolbenbolzen, Pleuelstangen und Kurbelwelle mit Schwungrad –, also im Motor, deutet ein dumpfes, metallisches Klopfen, dessen Frequenz bei Erhöhung der Drehzahl des Motors mit ansteigt, auf einen Kurbelwellen- oder Pleuellagerdefekt hin. Die Ursache ist, daß die Kurbelwelle in ihren Lagern zu viel Spiel hat oder die Pleuel auf der Kurbelwelle gleichfalls zu viel Spiel haben. Begünstigt wird das Klopfen durch eine auf „zu früh" stehende Zündung oder auch durch einen zu niedrigen Öldruck. Tritt dieses Klopfen unterwegs im Motor auf, ist eine Weiterfahrt bis zur nächsten Werkstatt meist noch möglich. Es empfiehlt sich aber, die Geschwindigkeit zu vermindern.
Ein ähnliches dumpfes metallisches Klopfen – es tritt besonders im Leerlauf und bei Belastung des Motors in niedrigen Drehzahlen auf – ist gewöhnlich auf das Kolbenkippen, von dem kein Motor nach längerer Laufzeit frei ist, oder auch auf das Kolbenbolzenschlagen zurückzuführen. Insbesondere letztere Ursache läßt es ratsam erscheinen, recht bald die Vertragswerkstatt aufzusuchen, denn es muß angenommen werden, daß sich das Spiel der Kolbenbolzen unzulässig vergrößert hat. Bis zur Werkstatt ist eine Weiterfahrt mit eigener Kraft möglich, da Folgeschäden nicht zu befürchten sind.

Ventilsteuerung: Hat ein Ventil oder haben sogar mehrere Ventile ein zu großes Spiel, macht sich das durch ein helles Klappern, besonders bei niedrigen Drehzahlen, bemerkbar. Das normale Ventilspiel läßt sich jedoch wieder herstellen. Im Abschnitt „Ventile einstellen" sind die hierbei auszuführenden Arbeitsgänge beschrieben.
Ist eine Ventilfeder gebrochen, was sich trotz richtigen Ventilspiels gleichfalls durch ein helles Klappern bemerkbar macht, muß diese Ventilfeder erneuert werden. Die Weiterfahrt bis zur nächsten Werkstatt ist möglich; der Motor läuft aber unregelmäßig. Hohe Drehzahlen müssen deshalb vermieden werden. Man kann also nur langsam weiterfahren. Das Auswechseln der gebrochenen Ventilfeder erfordert Spezialwerkzeuge. Man überläßt diese Arbeit der Vertragswerkstatt.
Hat die Steuerkette zu wenig Spannung, macht sich das durch ein raschelndes Geräusch im vorderen Bereich des Motors bemerkbar. Im Abschnitt „Steuerkette spannen" ist beschrieben, wie sie nachgespannt wird.
Ist das Steuerkettengeräusch trotz Nachspannens der Kette nicht wegzubekommen, was erfahrungsgemäß bei Fahrzeuglaufleistungen von 40 000 bis 50 000 km der Fall ist, muß die Steuerkette zusammen mit den Zahnrädern als Satz komplett erneuert werden. Und das ist uns in der Regel selbst nicht möglich. Einmal sind diese speziellen Ersatzteile im Fachhandel nur sehr schwer erhältlich, zum anderen ist danach die Motorsteuerung, d. h. die richtige Stellung der Nockenwelle zur Kurbelwelle, neu einzustellen, hängt doch davon ab, daß die Ventile im richtigen Verhältnis zur Kolbenstellung geöffnet und geschlossen werden. Wer jedoch meint, diese größere Reparatur selbst ausführen zu können, geht hierbei wie folgt vor:

1. Ventildeckel abbauen.
2. Motor in Grundstellung drehen, d. h. Kurbelwelle und Nockenwelle so stellen, daß die Markierung auf dem Zahnrad der Nockenwelle (Vertiefung) und die Markierung auf dem Nockenwellengehäuse (Höcker) genau übereinstimmen. Bild 3-19 zeigt diese Stellung. Ist das geschehen, darf die Kurbelwelle ab jetzt keinesfalls mehr gedreht werden, auch nicht das kleinste Stückchen.

3. Heizungshebel völlig nach rechts drehen und das Kühlwasser aus beiden Hähnen ablaufen lassen; es entleeren sich hierbei Kühler und Motorblock.
4. Kühlwasserschläuche unten, oben und am Ausgleichbehälter abschließen.
5. Halteschrauben des Kühlers entfernen und Kühler herausheben.
6. Andrehklaue abschrauben, hat Normalgewinde SW 40 mm.
7. Lichtmaschine lösen und Keilriemen abnehmen.
8. Riemenscheibe vom Motor abziehen.
9. Halteschrauben des Stirnraddeckels lösen und Deckel abnehmen.
10. Kettenspanner ausbauen; dazu ist es nur erforderlich, die beiden Halteschrauben am Zylinderkopf abzunehmen.
11. Halteschrauben der beiden großen Kettenräder entsichern und Schrauben herausdrehen.
12. Kettenräder abnehmen.
13. Steuerkette nach unten herausnehmen.
14. Kettenrad von der Kurbelwelle abziehen.

Der Einbau geschieht in umgekehrter Reihenfolge. Hierbei wird zuerst das neue Kettenrad auf die Kurbelwelle gedrückt (richtigen Sitz der Paßfeder beachten!) und wird anschließend die neue Kette von unten her mit Hilfe eines Drahtes nach oben durchgezogen und werden die neuen großen Kettenräder montiert, aber noch nicht gesichert. Jetzt wird die Kette aufgelegt, und zwar so, daß die dem Kettenspanner gegenüberliegende Seite straff ist. Danach wird der Kettenspanner montiert. Zur Kontrolle werden nun Riemenscheibe und Andrehklaue aufgesetzt und wird der Motor genau zweimal durchgedreht. Bei genau zwei Umdrehungen müssen die beiden Markierungen wieder übereinstimmen. Ist das der Fall, ist die Steuerkette richtig montiert. Jetzt können die Halteschrauben der Kettenräder angezogen und gesichert werden (neue Sicherungsbleche verwenden!). Abschließend wird der Stirnraddeckel angebaut.

Eine falsche Montage der Steuerkette kann bis zur vollständigen Zerstörung des Motors führen, weil in diesem Falle die Ventile auf die Kolbenböden aufschlagen.

Der Ausfall der Steuerkette erfolgt übrigens niemals plötzlich. Deshalb empfiehlt es sich auch, das Erneuern der Steuerkette im Zusammenhang mit anderen Instandsetzungsarbeiten der Werkstatt zu überlassen.

Lichtmaschine und Wasserpumpe: Lichtmaschine und auch Wasserpumpe können pfeifende bis heulende Geräusche von sich geben. Ist die Lichtmaschine der Urheber, erhöht sich das Geräusch, wenn große Stromverbraucher (Fernlicht, Nebelscheinwerfer) eingeschaltet werden. Ist das nicht der Fall, kann das Geräusch u. U. von der Wasserpumpe herrühren. Um das genau festzustellen, läßt man den Motor kurzzeitig ohne Keilriemen und damit ohne Antrieb der Wasserpumpe laufen. Bleibt jetzt das Geräusch aus, ist die Wasserpumpe der Urheber.

Reparaturen an der Drehstromlichtmaschine des WAS überlassen wir grundsätzlich der Vertrags- oder einer Kfz-Elektrikwerkstatt, auch wenn ihr Auswechseln unkompliziert ist, denn es muß danach unbedingt der Spannungsregler neu eingestellt werden. Und dazu dürften uns die notwendigen Erfahrungen fehlen.

Das Auswechseln der Wasserpumpe ist uns dagegen wieder selbst möglich. Es empfiehlt sich, hierbei folgende Arbeitsreihenfolge einzuhalten:

1. Kühlmittel ablassen (bei Wiederverwendung in einem sauberen Gefäß auffangen), dabei Kühlerverschluß öffnen.
2. Halteschrauben der Lichtmaschine lösen und Keilriemen abnehmen.
3. Lüfter und Riemenscheibe demontieren.
4. Wasserschläuche abnehmen und Heizrohr abflanschen.
5. Wasserpumpe abschrauben und abnehmen.

Der Einbau der neuen Wasserpumpe geschieht in umgekehrter Reihenfolge, wobei die Dichtflächen natürlich sauber sein müssen, bevor die neue Dichtung aufgelegt wird. Ist die Wasserpumpe schließlich angebaut und sind auch Lüfter und Riemenscheibe wieder montiert, wird das Kühlmittel aufgefüllt und der Motor für einen Probelauf gestartet, bis derselbe annähernd seine Betriebstemperatur erreicht hat. Das ist notwendig für die Entlüftung des Kühlsystems. Der Heizungshahn muß hierbei geöffnet sein (Hebelstellung „warm").

Ist die Wasserpumpe undicht, ist eine ordnungsgemäße Reparatur nur in der Vertragswerkstatt möglich, da auch hierzu Spezialwerkzeuge erforderlich sind.

Motor verliert Öl

Die WAS-Motoren sind relativ ölsicher; d. h., erst nach längerer Laufzeit muß mit einem gewissen Ölverlust gerechnet werden. Ist bei einem Fahrzeug mit kürzerer Laufzeit jedoch schon Ölverlust zu verzeichnen (unterhalb des Motors bildet sich beim Abstellen des Fahrzeugs eine Öllache), analysieren wir, wo das Öl verloren geht. Dazu wird der Motor, wenn er kalt ist, von außen gründlich gereinigt. Man wäscht ihn beispielsweise mit Waschbenzin ab, wobei unbedingt die ABAO 361/3 zu beachten und die Batterie abzuklemmen ist. Anschließend fährt man mit dem Wagen wenigstens 30 km, damit das Motorenöl wirklich dünnflüssig ist und an den undichten Stellen austreten kann. Nunmehr läßt sich nach dem Abstellen des Fahrzeugs anhand der frischen unverfälschten Ölspuren exakt feststellen, wo das Öl austritt. Es kann am Ventildeckel, am Stirnraddeckel, am Ölfilter, am vorderen oder hinteren Radialdichtring der Kurbelwelle und an der Ölwanne entweichen.

Ventildeckel: Ist der Ventildeckel undicht – nicht zu verwechseln mit dem Öleinfüllstutzen, wo immer ein leichter Ölverlust durch Öldämpfe (Schwitzöl) auftritt –, ziehen wir zunächst einmal die 8 Halteschrauben des Ventildeckels nach. Bringt das keinen Erfolg, wird die Ventildeckeldichtung erneuert. Hierbei ist besonders darauf zu achten, daß die alten Dichtungsreste restlos entfernt werden, damit die neue Gummidichtung ihre Funktion wirklich voll erfüllen kann.

Ölfilter: Wie die Undichtheit des Ölfilters beseitigt wird, ist im Abschnitt „Öl- und Ölfilterwechsel Motor" beschrieben. Notfalls montiert man ein neues Ölfilter.

Stirnraddeckel: Tritt das Öl am Stirnraddeckel aus, werden zunächst einmal die Halteschrauben des Deckels nachgezogen. Bringt das keinen Erfolg, müssen die Deckeldichtung und möglichst gleich auch der vordere Radialdichtring der Kurbelwelle – er ist gewöhnlich die Ursache für das Austreten des Öles – mit erneuert werden. Und das ist nicht einfach. Man beauftragt damit die Vertragswerkstatt anläßlich der vielleicht gerade fälligen Großen Durchsicht. Wer jedoch meint, auch diese Arbeit selbst erledigen zu können, geht hierbei wie folgt vor:

1. Heizungshebel voll nach rechts drehen und das Kühlwasser aus beiden Ablaßschrauben ablassen; es entleeren sich Kühler und Motorblock.
2. Kühlwasserschläuche unten, oben und am Ausgleichbehälter abschließen.
3. Halteschrauben des Kühlers entfernen und Kühler herausheben.
4. Andrehklaue abschrauben (hat Normalgewinde, SW 40 mm).
5. Lichtmaschine lösen und Keilriemen abnehmen.
6. Riemenscheibe von der Kurbelwelle abziehen.
7. Halteschrauben des Stirnraddeckels lösen und Deckel abnehmen.
8. Radialdichtring mit Hilfe eines passenden Dornes herausschlagen und neuen Radialdichtring mit dem gleichen Hilfsmittel einschlagen; aber Vorsicht, der neue Dichtring darf nicht verkantet eingesetzt werden!
9. Dichtflächen an Motorblock und Stirnraddeckel reinigen und neue Deckeldichtung montieren.

Der Zusammenbau geschieht in umgekehrter Reihenfolge.

Ölwanne: Das Nachziehen der Halteschrauben der Ölwanne ist im Abschnitt „Öl- und Ölfilterwechsel Motor" beschrieben. Bringt das keinen Erfolg, ist die Dichtung der Ölwanne zu erneuern. Und das ist wieder nicht so einfach, vor allem ohne Hebebühne oder Grube. Die Ölwanne läßt sich nämlich nicht nach unten abnehmen. Der Zwischenraum zwischen Vorderachstraverse und Motor ist ganz einfach zu klein. Es wäre deshalb notwendig, den Motor entweder auszubauen oder durch eine aufwendige Teilmontage von Motor und Getriebe zu erreichen, daß die Ölwanne von unten her abgenommen werden kann. Aus diesem Grunde überläßt man das

Erneuern der Dichtung der Ölwanne auch der Werkstatt anläßlich der vielleicht sowieso gerade fälligen Großen Durchsicht.

Radialdichtring der Kurbelwelle: Hat die Analyse ergeben, daß das Öl an der Kupplungsglocke austritt – hier ist das Wechselgetriebe an den Motor angeflanscht –, muß weiter festgestellt werden, ob der hintere Radialdichtring der Kurbelwelle oder der Radialdichtring der Getriebewelle das Öl durchläßt, also verschlissen ist. Und das ist von außen nicht möglich. Erst nach dem Ausbau des Getriebes läßt sich genau feststellen, welcher Radialdichtring das Öl entweichen läßt. Auch diese recht schwierige und ohne spezielle Hilfsmittel nicht auszuführende Arbeit überläßt man besser der Vertragswerkstatt. Wer es dennoch selbst versuchen möchte, was im Prinzip möglich ist, richtet sich bei der Demontage und Montage der Teile nach den Ausführungen unter dem Stichwort „Kupplungsautomat und Mitnehmerscheibe".

Das Wechseln des vorderen Radialdichtrings der Kurbelwelle ist unter dem Stichwort „Stirnraddeckel" mit beschrieben.

Motor verbraucht zu viel Öl

Jeder Verbrennungsmotor hat einen gewissen Ölverbrauch. Das ist konstruktionsbedingt. Bei den WAS-Motoren liegt der Ölverbrauch bei maximal 820 g = rund 1,0 l/1000 km, wobei leichte Schwankungen auf die Einsatzbedingungen des Fahrzeugs zurückzuführen sind. Ständige Kurzstreckenfahrten erhöhen den Ölverbrauch beispielsweise genau so wie das ständige Fahren mit hohen Geschwindigkeiten.

Glaubt man, daß der Ölverbrauch des Motors über den normalen Verbrauch hinaus angestiegen ist, analysiert man den Ölverbrauch möglichst genau. Dazu ist zunächst erforderlich, daß man sich vergewissert, ob der Motor äußerlich dicht ist. Im Abschnitt „Motor verliert Öl" sind die Kriterien hierfür zu finden. Danach wird der Ölverbrauch ermittelt:

1. Fahrzeug nach einer Fahrt mindestens zwei Stunden, besser über Nacht, stehenlassen und danach den Ölstand am Ölmeßstab markieren.
2. Eine mindestens 200 km lange Testfahrt auf der Autobahn mit etwa 100 km/h möglichst ohne Unterbrechung machen.
3. Fahrzeug wieder mindestens zwei Stunden, besser länger, abstellen und den Ölstand bis zu der vor Antritt der Testfahrt am Ölmeßstab angebrachten Markierung ergänzen.

Aus der hinzugegebenen Ölmenge ergibt sich nunmehr exakt der tatsächliche Överbrauch für die gefahrenen 200 km und damit auch für 1000 Fahrkilometer.

Liegt das Verbrauchsergebnis oberhalb der Norm von etwa 1,0 l/1000 km, ist eine Reparatur des Motors in der Vertragswerkstatt unumgänglich. Es können die Kolbenspiele zu groß geworden sein, einige Kolbenringe festsitzen, die Kolbenringe insgesamt ein zu großes Spiel aufweisen, die Kolbenringstöße sich vergrößert haben, einige Kolbenringe gebrochen oder auch einige Ventilführungen undicht sein.

Motor zeigt unregelmäßigen Öldruck

Der Öldruck wird bei den WAS-Typen 2101, 2102, 21011, 2103/06 durch eine Kontrolleuchte in der Instrumententafel angezeigt. Beim Typ 2103 und 2106 kann er zusätzlich an einem Manometer abgelesen werden.

Die Öldruckkontrolleuchte wird durch einen Öldruckschalter gesteuert. Dieser Öldruckschalter schaltet nach dem Starten des Motors bei einem im Schmiersystem aufgebauten Öldruck von 40 ... 80 kPa (0,4 ... 0,8 kp/cm^2) die Kontrolleuchte aus, und sie darf während des Betriebs des Fahrzeugs nicht aufleuchten. Bei warmem Motor im Leerlauf oder bei etwas erhöhter Motordrehzahl ist es aber durchaus normal, wenn die Öldruckkontrolleuchte glimmt oder schwach leuchtet. Mit zunehmender Motordrehzahl muß sie jedoch verlöschen. Verlischt sie nicht, ist sofort anzuhalten und die Ursache für diese Unstimmigkeit zu ermitteln. Andernfalls kann ein schwerer Motorschaden (keine Schmierung) die Folge sein. Folgende Störungsursachen sind möglich:

Ölmangel: Beim Nichtverlöschen der Öldruckkontrolleuchte wird als erste Kontrollmaßnahme der Ölstand im Motor kontrolliert. Ist er unter die Marke „min“ abgesunken, wird der Ölvorrat ergänzt. Die Öldruckkontrolleuchte müßte nunmehr verlöschen, und die Störungsursache wäre behoben. Verlischt sie nicht, geht die Störungssuche weiter.

Öldruckanzeige: Es kann vorkommen, daß die Öldruckanzeige völlig ausfällt. In diesem Falle leuchtet die Öldruckkontrolleuchte natürlich nicht, schon nicht beim Einschalten der Zündung. Hierfür gibt es folgende Ursachen:

– Glühlampe in der Kontrolleuchte defekt oder lose.
– Glühlampe ordnungsgemäß befestigen oder erneuern. Dazu muß jedoch die Armaturenkombination herausgenommen werden. Anders kommt man an die Glühlampe nicht heran. Den Ausbau dieser Kombination beschreibt der Abschnitt „Instrumentenbeleuchtung ausgefallen“.
– Sicherung Nr. 9 defekt
  Die Sicherung ist zu ersetzen. Man sieht in der Regel, daß sie funktionsuntüchtig ist. Andernfalls kann man das mit Hilfe der Prüflampe ermitteln. Hierzu klemmt man die Prüflampe nacheinander an die beiden Kontakte der Sicherungsklemme und an Masse und schaltet die Zündung ein. Leuchtet die Prüflampe an einer der beiden Klemmen nicht, ist die Sicherung defekt.
– Öldruckschalter defekt
  Der Öldruckschalter sitzt auf der linken Motorseite, und zwar rechts von der Kühlmittelablaßschraube. Zieht man das hier angeschlossene Kabel ab und hält es bei eingeschalteter Zündung gegen Masse und leuchtet dabei die Kontrolleuchte auf, ist das das Zeichen dafür, daß der Öldruckschalter defekt ist und ausgewechselt werden muß. Im anderen Falle ist die Sicherung Nr. 9 ausgefallen.
  Ein Weiterfahren mit ausgefallenem Öldruckschalter ist möglich. Man kennt ja jetzt den Fehler und weiß, daß das Schmiersystem an sich funktioniert. Zu einem baldigen Austausch des defekten Schalters wird aber dennoch geraten.

Motor hat zu hohen Kraftstoffverbrauch

Der in der Betriebsanleitung angegebene Kraftstoffnormverbrauch von durchschnittlich 8,0 l/100 km ist im praktischen Fahrbetrieb nicht zu erreichen. Spezielle Verbrauchsmessungen durch den Fahrzeughersteller haben dann auch folgende Werte ergeben:

Testbe-	Fahrzeugtyp			
dingung	2101	2102	21011	2103/06
90 km/h	8,2	8,5	8,5	8,5
100 km/h	10,5	10,7	11,0	11,2
Stadtfahrten	10,5	10,7	11,5	12,0

Wird am eigenen Fahrzeug ein erheblich höherer Kraftstoffverbrauch festgestellt, sollte man denselben wenigstens einigermaßen exakt ermitteln. Und das ist auf folgende Art möglich: Man läßt den Tank an einer Tankstelle, auf der das Fahrzeug auf einer ebenen Fläche steht, bis zum Rand füllen. Nun fährt man eine längere Strecke mit möglichst gleichbleibender Geschwindigkeit von durchschnittlich 90 km/h und läßt den Tank an einer Tankstelle mit gleichfalls ebener Standfläche für das Fahrzeug erneut bis zum Rand füllen. Aus der in den Tank hineingehenden Kraftstoffmenge läßt sich nun der Kraftstoffverbrauch für 100 km errechnen, und zwar nach der Formel

$$\frac{\text{getankte Kraftstoffmenge}}{\text{gefahrene Kilometer}}$$

Nehmen wir an, daß in den Tank 38,6 Liter Kraftstoff hineingingen und 406 km zurückgelegt wurden, ergibt sich daraus die Rechnung

$$\frac{38{,}6\ \text{Liter}}{406\ \text{Kilometer}} = 0{,}096\ \text{l/km oder}\ 9{,}5\ \text{l/100 km}$$

Ursache für einen weit höheren Kraftstoffverbrauch können eine fehlerhafte Zündeinstellung oder -anlage, falsche Ventilspiele, ein verschmutzter Luftfiltereinsatz, ein zu hoher Kraftstoffstand im Schwimmergehäuse des Vergasers, ein falsch eingestellter Startbowdenzug, eine falsche Leerlaufeinstellung, ein fehlerhafter Thermostat (Motor erreicht nicht die Betriebstemperatur), schleifende Bremsen, verbrauchte Zündkerzen, eine hängende Starterklappe, eine rutschende Kupplung, ein ungenügender Reifeninnendruck und schließlich ein teilweise aussetzendes Zählwerk am Tachometer sein. In den entsprechenden Fachabschnitten ist auf diese Fehler hingewiesen, und auch, wie man sie ermittelt und beseitigt. Gegebenenfalls wird die Vertragswerkstatt zu Rate gezogen oder ein Vergasereinstelldienst bemüht.

Motor wird zu warm

Für diese Erscheinung gibt es fünf Erklärungen: Kühlmittelmangel, Thermostat defekt, Keilriemen lose, Kühler zugesetzt oder Zylinderkopfdichtung defekt. Sehen wir uns diese Erscheinungsbilder und die Maßnahmen zur Beseitigung der einzelnen Störungsursachen näher an.

Kühlmittelmangel: Ein Kühlmittelmangel macht sich, wenn er nicht bei der Kontrolle des Flüssigkeitsstandes im Ausgleichbehälter bemerkt wird, schon nach relativ kurzer Fahrtzeit an der Kühlmitteltemperaturanzeige in der Armaturenkombination bemerkbar. Wandert der Zeiger gar ins rote Feld, ist höchste Wachsamkeit geboten. Man hält sofort an, kontrolliert das Kühlsystem und beseitigt die Schadensursache, ohne danach zu vergessen, den Kühlmittelvorrat zu ergänzen. Es kann eine Schlauchverbindung locker (nachziehen), die Wasserpumpe undicht oder auch die Zylinderkopfdichtung defekt sein. Ist sogar der Kühler undicht geworden, hilft nur das Ausbauen und Löten desselben.

Thermostat defekt: Entweder ist das Hauptventil ständig offen oder es ist ständig geschlossen. Ist es ständig offen, erreicht der Motor nur sehr schwer seine Betriebstemperatur, was sich an der Temperaturanzeige auswirkt. Diesen Fehler ermittelt man so:
Man läßt den kalten Motor warmlaufen und befühlt hierbei den Verbindungsschlauch zwischen Zylinderkopf und Thermostat (Bild 4-5) und den oberen Kühlerkasten. Bemerkt man, daß die Temperatur des Kühlerkastens in dem gleichen Maße zunimmt wie die des Verbindungsschlauches, ist erfahrungsgemäß das Hauptventil offen und der Thermostat defekt. Die Fahrt kann man aber dennoch fortsetzen. Der Motor erreicht zwar nicht seine Betriebstemperatur, es ist aber auch kein Motorschaden zu befürchten.
Ist der Thermostat dagegen ständig geschlossen – man merkt das daran, daß der Zeiger der Temperaturanzeige sehr schnell ins rote Feld wandert –, wird der Motor bei Weiterfahrt unweigerlich überhitzt, und ein Motorschaden ist die Folge. Es bleibt einem in diesem Falle daher auch nichts weiter übrig, als den Thermostaten sofort zu erneuern – wohl dem, der einen Thermostaten mitführt –, oder man muß den Motor erst abkühlen lassen und kann dann die Fahrt bis zur nächsten Werkstatt mit mäßiger Geschwindigkeit fortsetzen. Aber auch hierbei müssen noch Fahrtpausen eingelegt werden, wenn der Zeiger wieder ins rote Feld wandert, um den Motor erneut abkühlen zu lassen.
Der Einbau eines neues Thermostaten ist relativ einfach: Kühlmittel ablassen, Schlauchverbindungen lösen, defekten Thermostaten herausnehmen, neuen Thermostaten einbauen und Kühlmittel wieder einfüllen. Aber Vorsicht, niemals kaltes Wasser in den vielleicht noch heißen Motor gießen! Ferner ist an die Entlüftung des Kühlsystems zu denken, wie das im Abschnitt „Kühl- und Heizanlage" beschrieben ist.

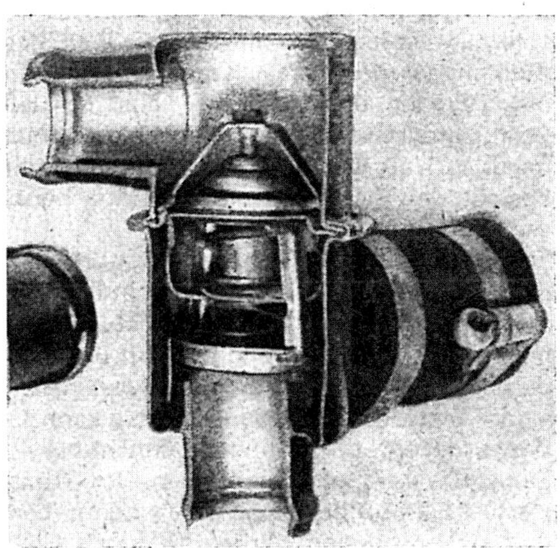

Bild 4-5 Thermostat, geschnitten und defekt; in dieser Stellung ist der Kühler nicht in den Kühlkreislauf einbezogen

Keilriemen locker: Ein lockerer Keilriemen führt zur Verminderung der Drehzahl der Wasserpumpe und damit zur Verschlechterung der Wirkung des Kühlsystems. Man spannt ihn deshalb spätestens bei jedem Mangel im Kühlsystem sofort nach, was ja bekanntlich durch das Schwenken der Lichtmaschine nach außen möglich ist. Zum Vorteil gereicht es hierbei, wenn man einen entsprechend kurzen 17er Schlüssel mitführt. Mit den üblichen langen Schlüsseln läßt sich die Mutter der unteren Befestigung der Lichtmaschine nicht lösen und auch nicht wieder festziehen.

Kühler zugesetzt: Der Kühler setzt sich in der Regel von innen (durch Wasserstein) kaum zu, wohl aber von außen durch Straßenschmutz und Insekten, und diese Verschmutzungen beeinflussen seine Wirkung. Zur Reinigung des Kühlers ist der Ausbau nicht unbedingt erforderlich. Es genügt, den Kühlergrill abzuschrauben (3 Schrauben M 4 oben), und schon liegt die vordere Kühlerfläche frei. Sie wird nunmehr mit einer harten Bürste und viel Wasser von außen gereinigt.

Zylinderkopfdichtung defekt: Eine defekte Zylinderkopfdichtung macht sich dadurch bemerkbar, daß der Kühlmittelverlust äußerlich sichtbar ist bzw. sich Wasserperlen an den Zündkerzen zeigen. Dieser Schaden ist insofern gefährlich für den Motor, weil das Kühlmittel – wenn es nach innen austritt – in die Zylinder und von hier aus in den Schmierkreislauf gelangen kann. Man startet daher auch nie den Motor, wenn der Verdacht besteht, daß die Zylinderkopfdichtung gerissen sein könnte.

Eine Beseitigung des Schadens ist nur durch das Erneuern der Zylinderkopfdichtung möglich. Wohl dem, der z. B. auf der Urlaubsfahrt eine solche Dichtung mitführt und sich dieselbe unterwegs dadurch relativ schnell in einer Fachwerkstatt einbauen lassen kann.

Das Erneuern der Zylinderkopfdichtung in Selbsthilfe wird nicht empfohlen. Der Grund hierfür: Es muß der halbe Motor demontiert und wieder montiert werden! Dennoch seien die Arbeitsgänge beschrieben, die hierbei auszuführen sind, damit ggf. ein fachlich versierter Helfer einspringen kann.

– Kühlmittel an beiden Ablaßhähnen ablassen und in einem sauberen Gefäß zwecks Wiederverwendung auffangen.
– Luftfilter abbauen.
– Gasgestänge, Startbowdenzug und Kraftstoffleitung am Vergaser abschließen.
– Zündkabel von den Zündkerzen abnehmen.
– Anschlußkabel für Temperaturanzeige entfernen.
– Ventildeckel abbauen.
– Markierungen für die Grundeinstellung des Motors (s. Abschn. „Ventile einstellen") durch Drehen der Kurbelwelle in Übereinstimmung bringen.
– Zuleitungsrohre für Heizung und Kühlwasser lösen.
– Anlasserschutzblech abbauen.
– Auspuffflanschverbindung trennen.
– Kettenspanner ausbauen.
– Schraubensicherung des Nockenwellenzahnrades lösen, Schraube herausdrehen und Nockenwellenzahnrad abnehmen; aber Vorsicht, die Steuerkette nicht in den Kettenkasten fallen lassen!
– Haltemuttern des Nockenwellengehäuses entfernen und Nockenwellengehäuse mit Nockenwelle abnehmen.
– Zylinderkopfschrauben lösen, herausdrehen und Zylinderkopf abnehmen.
– Dichtflächen von Zylinderkopf und Motorblock reinigen und neue Zylinderkopfdichtung auflegen.
– Zylinderkopf aufsetzen und Zylinderkopfschrauben nach dem Schema in Bild 3-25 zunächst leicht anziehen; danach die Zylinderkopfschrauben mit einem Anzugsdrehmoment von 110 Nm (11 kpm), also recht kräftig, nach dem Schema in Bild 3-25 endgültig festziehen.
– Restliche demontierte Teile in entgegengesetzter Reihenfolge des Ausbaus montieren; wobei vor dem Aufsetzen des Ventildeckels das Ventilspiel neu einzustellen ist. Wie das gemacht wird, ist im Abschnitt „Ventile einstellen" beschrieben.

Ist Kühlmittel in den Schmierkreislauf gelangt, ist außer dem Erneuern der Zylinderkopfdichtung ein Ölwechsel, möglichst verbunden mit dem Spülen des Motors, und ein Ölfilterwechsel, wie im Abschnitt „Öl- und Ölfilterwechsel Motor" beschrieben, erforderlich.

Es sei nochmals betont: Die Fülle der beim

Erneuern der Zylinderkopfdichtung auszuführenden Demontage-, Montage- und Einstellarbeiten gebietet, diese Arbeiten in einer Fachwerkstatt ausführen zu lassen. Anderenfalls, d. h. bei nicht fachgerechter Arbeit, kann der Schaden recht groß werden.

Motor wird nicht warm genug

Erreicht der Motor seine Betriebstemperatur nicht (der Zeiger der Temperaturanzeige bleibt auch nach längerer Fahrt im linken Feld stehen), gilt es auch hierfür die Ursachen aufzuspüren und den Schaden zu beheben. An Schadensursachen sind möglich:

Thermostat schließt nicht: Im Abschnitt „Motor wird zu warm" sind die Ausfallmöglichkeiten des Thermostaten beschrieben und auch die Maßnahmen zu ihrer Beseitigung geschildert. Wir richten uns in diesem Falle, in dem der Thermostat ja offensichtlich nicht schließt und das Kühlmittel somit den vollen Kühlerkreislauf durchströmt, nach dem hier Dargelegten.

Temperaturanzeige fehlerhaft: Läuft der Motor wie in besten Zeiten und funktioniert auch die Heizung, der Zeiger der Temperaturanzeige bleibt aber dennoch im linken Feld des Anzeigegerätes stehen, ist der Verdacht nicht unbegründet, daß die Temperaturanzeige nicht oder nicht voll funktioniert. In diesem Falle macht man folgendes: Man zieht den Steckanschluß vom Temperaturgeber ab und hält den Stecker bei eingeschalteter Zündung mehrmals kurzzeitig an Masse. Springt hierbei der Zeiger jeweils nach rechts, könnte der Temperaturgeber defekt sein. Andernfalls, d. h., der Zeiger bewegt sich bei diesem Test nicht, könnte die Sicherung Nr. 9 durchgebrannt oder auch die Leitung unterbrochen sein. Ist die Sicherung erneuert und ggf. auch die Leitung repariert und ein erneuter Test bringt den Zeiger immer noch nicht in Bewegung, ist der Temperaturgeber mit Sicherheit defekt und muß ausgewechselt werden.

Ungenügende Heizleistung: Bestätigt die Temperaturanzeige – der Zeiger steht im

Bild 4-6 Wärmeaustauscher (ausgebaut) mit Heizungshahn

mittleren Feld –, daß der Motor seine Betriebstemperatur erreicht hat, und die Heizleistung ist dennoch ungenügend, könnte der Heizungshahn am Wärmeaustauscher (Bild 4-6) oder dessen Betätigungszug klemmen. Sind Heizungshahn und Betätigungszug ggf. gangbar gemacht, müßte die Heizung wieder funktionieren bzw. die Heizleistung ansteigen. Anderenfalls kann man nur die Werkstatt zu Rate ziehen, um den Fehler hier beheben zu lassen.
Eine Selbstkontrolle des Wärmeaustauschers ist uns nach Abnehmen der Verkleidung möglich. Betätigt man jetzt den unteren Hebel der Klimaanlage, kann man sehen, ob der Heizungshahn voll öffnet.

Störungen an der Kraftübertragung

Die Kraft, die der Motor entwickelt, erreicht im System der Kraftübertragung zuerst die Kupplung. Von hier wird sie zum Wechselgetriebe weitergeleitet, um schließlich über die Gelenkwellen zum Ausgleichgetriebe (Differential), die Halbachsen und die Räder zu gelangen, womit das Fahrzeug seine Fortbewegung erfährt. In diesem System sind natürlich gleichfalls Störungen möglich, meist jedoch zurückzuführen auf mangelnde Wartung zum richtigen Zeitpunkt oder auf unsachgemäße Handhabung des Fahrzeugs. Es können sich am System der Kraftübertragung

– meist jedoch erst nach längerer Laufzeit des Fahrzeugs – Kupplungsmängel, Getriebemängel, Mängel an den Gelenkwellen und Mängel an der Hinterachse einstellen. Sehen wir uns an, wie sich diese Mängel – sie sind in Tabelle 4-2 zusammengestellt – bemerkbar machen und wie wir sie aus eigener Kraft oder mit Hilfe der Vertragswerkstatt beheben können.

Tabelle 4–2: Mögliche Störungen an den Kraftübertragungselementen

Erscheinung/Ursache	Abhilfe
Kupplung trennt nicht	
Flüssigkeitsverlust im Kupplungssystem	Kupplungssystem auf Dichtheit überprüfen; s. Abschn. „Kupplung trennt nicht"
Kupplungsarbeitszylinder defekt	Arbeitszylinder überprüfen; s. Abschn. „Kupplung trennt nicht"
Kupplungshauptzylinder defekt	Hauptzylinder überprüfen; s. Abschn. „Kupplung trennt nicht"
Kupplungseinstellung stimmt nicht	Kupplung neu einstellen; s. Abschn. „Kupplungsspiel einstellen"
Kupplungsautomat und Mitnehmerscheibe verbraucht	Kupplung in der Werkstatt instand setzen lassen; s. Abschn. „Kupplung trennt nicht"
Kupplung rutscht	
Kupplungsspiel zu gering	Kupplungsspiel überprüfen; s. Abschn. „Kupplungsspiel einstellen"
Kupplungsautomat und Mitnehmerscheibe verbraucht	Kupplung in der Werkstatt instand setzen lassen; s. Abschn. „Kupplung rutscht"
Kupplung rupft	
Mitnehmerscheibe verölt oder verhärtet	Kupplung in der Werkstatt instand setzen lassen; s. Abschn. „Kupplung rutscht"
Kupplung macht Geräusche	
Kupplungsausrücklager defekt	Kupplung in der Werkstatt instand setzen lassen; s. Abschn. „Kupplung rutscht"
Getriebe läßt sich schwer schalten	
Schalthebelverlängerung hat sich gelöst	Verlängerung wieder befestigen; s. Abschn. „Getriebe läßt sich schwer schalten"
Falsches Öl im Getriebe	Ölfüllung umstellen; s. Abschn. „Schaltgetriebeöl wechseln"

noch Tabelle 4–2

Erscheinung/Ursache	Abhilfe
Gänge springen heraus	
Montage- oder Einstellfehler	Getriebe in der Werkstatt instand setzen lassen; s. Abschn. „Gänge springen heraus"
Getriebe heult	
Zu wenig Öl im Getriebe	Ölstand überprüfen; s. Abschn. „Getriebe heult"
Getriebe verliert Öl	
Getriebegehäuse undicht	Getriebe auf Dichtheit überprüfen; s. Abschn. „Getriebe verliert Öl"
Gelenkwellen machen Geräusche	
Klicken beim Anfahren	Gelenkwellen in der Werkstatt überholen lassen; s. Abschn. „Gelenkwellen machen Geräusche"
Heulen bzw. Brummen beim Fahren	Gelenkwellen in der Werkstatt überholen lassen; s. Abschn. „Gelenkwellen machen Geräusche"
Hinterachse macht Geräusche	
Zu wenig oder falsches Öl im Achsgetriebe	Ölstand kontrollieren, ggf, richtiges Öl einfüllen; s. Abschn. „Ausgleichgetriebeöl wechseln"
Achseingriffe verschlissen	Hinterachse in der Werkstatt überholen lassen; s. Abschn. „Hinterachse macht Geräusche"
Radlager defekt	Achswellen in der Werkstatt erneuern lassen; s. Abschn. „Hinterachse macht Geräusche"
Radschrauben berühren Elemente der Radbremsen	Radschrauben bei noch intakten Felgen kürzen; s. Abschn. „Hinterachse macht Geräusche"
Stoßdämpfer defekt	Stoßdämpfer überprüfen, ggf. erneuern; s. Abschn. „Stoßdämpfer kontrollieren"

Kupplung trennt nicht

Dieser Mangel äußert sich dadurch, daß sich die einzelnen Gänge, insbesondere der erste Gang und der Rückwärtsgang, nur schwer oder mit Geräuschen verbunden einlegen lassen bzw. im fortgeschrittenen Fall eines Kupplungsdefekts das Fahrzeug bereits beim Einlegen des ersten Gangs anrollt, obwohl das Kupplungspedal noch voll durchgetreten ist.

Flüssigkeitsverlust: Die hydraulische Kupplung des WAS benötigt zur reibungslosen Funktion Bremsflüssigkeit. Ist der Stand der Flüssigkeit im Vorratsbehälter bis zum Boden abgesunken, kann die Kupplung nicht funktionieren, d. h., das Getriebe nicht mehr vom Motor trennen. Wir kontrollieren bei Kupplungsstörungen deshalb zunächst den Flüssigkeitsstand im Vorratsbehälter – es ist der in Fahrtrichtung linke –, den Verbindungsschlauch vom Vorratsbehälter zum Kupplungshauptzylinder, die Rohrleitung vom Kupplungshauptzylinder zum Kupplungsdruckschlauch, den Kupplungsdruckschlauch und zuletzt den Kupplungsarbeitszylinder. Ist hier irgendwo eine Undichtheit zu bemerken, wird der lose Anschluß nachgezogen bzw. die defekte Leitung erneuert.

Als Folge einer Leitungserneuerung muß das Kupplungssystem entlüftet werden. Dazu sind folgende Arbeitsgänge notwendig:

- Vorratsbehälter mit Bremsflüssigkeit füllen.
- Entlüftungsschlauch (im Bordwerkzeug vorhanden) auf die Entlüftungsschraube des Kupplungsarbeitszylinders (Bild 4-7) stecken, das andere Ende des Schlauches in ein bis zur Hälfte mit Bremsflüssigkeit gefülltes Glas tauchen.
- Entlüftungsschraube 1,5...2 Umdrehungen aufdrehen und das Kupplungspedal durch einen Helfer solange schnell niedertreten und immer wieder langsam lösen lassen, bis im Glas keine Luftblasen mehr austreten, das Glas sich also blasenfrei mit Bremsflüssigkeit füllt. Aber aufpassen! Der Vorratsbehälter muß während des Entlüftens immer wieder mit neuer Bremsflüssigkeit gefüllt werden. Entleert er sich hierbei völlig, gelangt Luft in das System, und das Entlüften muß von vorn beginnen.
- Kupplungspedal nach Abschluß der Entlüftung niedergetreten lassen, die Entlüftungsschraube schließen, den Entlüftungsschlauch abnehmen, die Schutzkappe aufsetzen und den Vorratsbehälter mit Bremsflüssigkeit auffüllen.

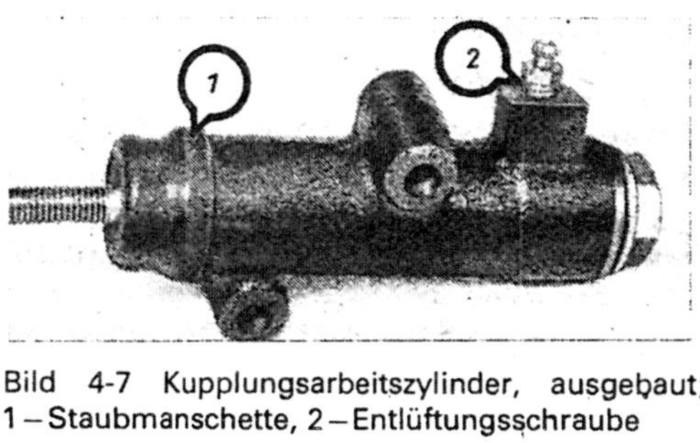

Bild 4-7 Kupplungsarbeitszylinder, ausgebaut; 1 – Staubmanschette, 2 – Entlüftungsschraube

Kupplungsarbeitszylinder: Mängel am Kupplungsarbeitszylinder (s. Bild 4-7) machen sich durch Flüssigkeitsverlust im Vorratsbehälter der Kupplung bemerkbar. Ist am Zylinder von außen kein Flüssigkeitsverlust festzustellen, nimmt man dessen Staubmanschette ab. Hat sich hier Flüssigkeit angesammelt, ist das die Bestätigung für eine Undichtheit am Arbeitszylinder. In der Regel ist seine Dichtmanschette verschlissen, so daß hier die Bremsflüssigkeit austritt.

Eine Reparatur des Kupplungsarbeitszylinders (Erneuern der Manschette) ist im Prinzip möglich. In der Regel ist jedoch die Manschette infolge Riefenbildung im Arbeitszylinder ausgefallen. Aus diesem Grunde sollte man sich auch nicht für eine Reparatur, sondern für die Erneuerung des Kupplungsarbeitszylinders entscheiden.

Demontage des alten und Montage des neuen Kupplungsarbeitszylinders – derselbe ist ja nur von unterhalb des Fahrzeugs zugänglich – erfolgen am zweckmäßigsten so:

- Rückzugfeder aushängen
- Schlauchverbindung lösen
- Die zwei Halteschrauben herausdrehen, den Zylinder vom Stößel abziehen und vom Kupplungsschlauch abschrauben
- Neuen Zylinder in umgekehrter Reihenfolge einbauen

Abschließend ist die Kupplung zu entlüften, wie unter dem Stichwort „Flüssigkeitsverlust" beschrieben, und das Stößelspiel neu einzustellen, wie im Abschnitt „Kupplungsspiel einstellen" näher dargelegt.

Kupplungshauptzylinder: Der Kupplungshauptzylinder ist dann in seiner Funktion gestört, wenn sich das Kupplungspedal, ohne das ein Flüssigkeitsverlust vorliegt, mit geringstem Kraftaufwand niedertreten läßt. Bei einer zusätzlichen Kontrolle kann eine zweite Person prüfen, ob der Kupplungsausrückhebel, sichtbar am Kupplungsarbeitszylinder unterhalb des Fahrzeugs, genügend weit ausrückt. Er soll einen Weg von 30 mm zurücklegen. Den Kupplungsausrückhebel zeigen die Bilder 3-26 und 4-8.

Der Kupplungshauptzylinder arbeitet in der Regel viele Jahre lang störungsfrei. Ist er wirklich einmal defekt, ist seine Ringmanschette oder auch seine Druckmanschette

Bild 4-8
Kupplungsglocke, geöffnet;
1 – Drucklager
2 – Ausrückhebel

undicht geworden, wodurch bei defekter Ringmanschette Bremsflüssigkeit in den Fußraum des Fahrzeugs eintritt. Bemerkt man das, wechselt man den Hauptbremszylinder komplett. Das ergibt die notwendige Sicherheit für eine weitere lange Betriebszeit dieses Zylinders.

Bei der Demontage des alten und der Montage des neuen Kupplungshauptzylinders sind folgende Arbeitsgänge notwendig:

- Bremsflüssigkeit aus dem Vorratsbehälter – es ist der in Fahrtrichtung linke – absaugen
- Schlauch und Rohrleitung abschließen
- Haltemuttern abschrauben und Zylinder abnehmen
- Neuen Zylinder montieren
- Abgeschlossene Leitungen wieder anschließen
- Bremsflüssigkeit auffüllen

Beim Ansetzen des neuen Zylinders ist auf den zentrischen Sitz des Stößels zu achten. Man nimmt ihn deshalb ggf. vor dem Ansetzen des neuen Zylinders vom Kupplungspedal ab und baut ihn erst danach wieder ein.

Nach Abschluß der Montage muß die Kupplung entlüftet werden, wie unter dem Stichwort „Flüssigkeitsverlust" bereits beschrieben, und ist ggf. das Kupplungspedalspiel neu einzustellen. Der Abschnitt „Kupplungsspiel einstellen" gibt hierzu die notwendigen Hinweise.

Eine Reparatur des Kupplungshauptzylinders ist selbstverständlich auch möglich. Es sind hierbei folgende Arbeitsgänge auszuführen:

- Zylinder mit dem Flansch nach oben in einen Schraubstock spannen (nicht zu fest)
- Sicherungsring entfernen; hierbei den Kolben, der unter Federdruck steht, mit einem Schraubendreher herunterdrücken
- Kolben mit Manschette und Feder aus dem Zylinder herausnehmen (Reihenfolge einprägen oder Einzelteile der Reihe nach ablegen)
- Zylinder und Einzelteile gründlich mit Spiritus (kein Kraftstoff) reinigen, hierbei auf Riefenbildung achten
- Bei einwandfreiem Zylinder Einbau der neuen Manschetten (Zylinderwandung, Kolben und Manschetten zuvor leicht mit Bremsflüssigkeit oder Bremsfett bestreichen)

Kupplungsspiel: Eine falsche Einstellung der Kupplung, insbesondere ein zu großes Kupplungsspiel, führen ebenfalls dazu, daß die Kupplung schlecht oder nicht trennt. Die

Einstellung ist im Abschnitt „Kupplungsspiel einstellen" beschrieben.

Kupplungsautomat und Mitnehmerscheibe: Haben alle bisher beschriebenen Instandsetzungsarbeiten an der Kupplung nicht zum gewünschten Erfolg geführt, kann nur noch die Kupplung selbst, d. h. Kupplungsautomat und Mitnehmerscheibe, defekt sein. Ihre Instandsetzung ist uns in Selbsthilfe nicht möglich. Wir überlassen das deshalb der Vertragswerkstatt. Ihre Mitarbeiter besitzen die hierzu notwendigen Erfahrungen und auch die erforderlichen speziellen technischen Einrichtungen. Für diejenigen jedoch, die die vorstehend genannten Voraussetzungen besitzen und sich an der Reparatur der Kupplung – natürlich auf eigene Gefahr – versuchen möchten, seien die erforderlichen Arbeitsgänge beschrieben:

- Batteriekabel abschließen
- Schalthebelverlängerung abbauen; dazu vier Schrauben auf dem Getriebetunnel von innen lösen
- Vordere Gelenkwelle an der elastischen Kupplung abschließen
- Tachometerwelle abschließen
- Kabel für Rückfahrleuchten abziehen (nur beim 2103 und 21011).
- Kupplungsarbeitszylinder abbauen
- Masseleitung lösen
- Auspuffaufhängung abschließen
- Wärmedämmblech vom Anlasser abnehmen
- Halteschrauben des Anlassers lösen (nur möglich mit einem Gelenksteckschlüssel 13 mm und einer Länge von ca. 700 mm)
- Getriebe mit Hilfe eines Wagenhebers abstützen
- Vier Halteschrauben des Getriebes lösen (nur möglich mit einem Gelenksteckschlüssel 19 mm und einer Länge von ca. 1000 mm)
- Getriebe zentrisch vom Motor wegziehen, bis die Antriebswelle aus der Kupplung heraus ist, und mit Wagenheber nach unten ablassen
- Stellung des Kupplungsautomaten gegenüber der Schwungscheibe markieren (er muß bei Wiederverwendung genau so eingebaut werden; Gefahr von Unwucht!)
- Kupplung und Mitnehmerscheibe nach Lösen der sechs Befestigungsschrauben abnehmen

In diesem Zustand der Demontage wird die Mitnehmerscheibe (Bild 4-9) auf Verschleiß geprüft und ggf. erneuert. Eine verschlissene Mitnehmerscheibe verursacht mit das Rutschen der Kupplung, während das schlechte Trennen der Kupplung folgende Ursachen haben kann:

- Mitnehmerscheibe ist in der Nutenverzahnung auf der Getriebewelle schwergängig (durch Reinigen und leichtes Einölen, möglichst mit MoS_2, läßt sich dieser Mangel beseitigen)
- Mitnehmerscheibe ist verzogen (Mitnehmerscheibe auswechseln)
- Kupplungsautomat (Bild 4-10) ist defekt (Kupplungsautomat auswechseln)

Für die ordnungsgemäße Montage der Kupplung ist ein Führungsdorn erforderlich. Mit seiner Hilfe wird die Mitnehmerscheibe zentriert. Das Getriebe läßt sich sonst nicht montieren.

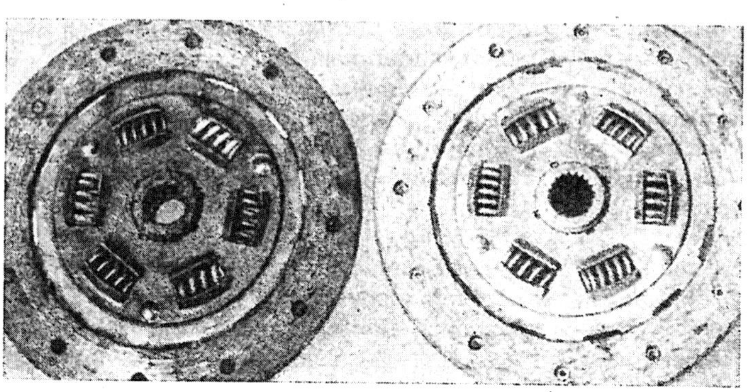

Bild 4-9
Kupplungsmitnehmerscheiben; links verschlissen (Belag bis auf die Nieten abgenutzt), rechts – neue Mitnehmerscheibe

Bild 4-10 Kupplungsautomaten; links – Anpreßplatte stark eingelaufen und somit verschlissen, rechts – neue Anpreßplatte

Beim Einbau eines neuen Kupplungsautomaten ist die bei der Demontage des alten Automaten an der Schwungscheibe angebrachte Markierung ohne Bedeutung, da die Neuteile einzeln ausgewuchtet sind.
Vor Einbau des Getriebes überprüft man noch das Ausrücklager der Kupplung – es darf nicht verschlissen sein (Geräuschbildung) – und wechselt es ggf. aus. Bild 4-8 zeigt das Ausrücklager.
Der Einbau des Getriebes erfolgt in umgekehrter Reihenfolge des Ausbaus. Die selbstsichernden Muttern für die Verbindung der elastischen Kupplung der Gelenkwelle sollten erneuert werden.

Kupplung rutscht

Ein Rutschen der Kupplung macht sich beim Anfahren, insbesondere aber bei stärkerem Beschleunigen nach dem Einlegen des nächsthöheren Ganges bemerkbar, wobei der Motor aufheult, ohne daß das Fahrzeug die entsprechende Geschwindigkeit erfährt. Eine Weiterfahrt ist mit diesem Kupplungsschaden möglich, vorausgesetzt, man vermeidet starkes Beschleunigen. Deshalb Vorsicht beim Überholen; das Fahrzeug beschleunigt nicht genügend. Die Ursachen für das Rutschen der Kupplung sind Einstellfehler, ein Defekt an der Mitnehmerscheibe oder im Kupplungsautomaten.

Kupplungseinstellung: Die Kupplungseinstellung stimmt, wenn am Kupplungsausrückhebel ein Spiel von 4 bis 6 mm vorhanden ist. Ein geringeres oder gar kein Spiel kann mit die Ursache für das Rutschen der Kupplung sein. Man überprüft daher das Kupplungsspiel und stellt es ggf. so ein, wie im Abschnitt „Kupplungsspiel einstellen" beschrieben.

Kupplungsautomat und Mitnehmerscheibe: Rutscht die Kupplung trotz ordnungsgemäß eingestellten Spiels am Ausrückhebel, sind erfahrungsgemäß Mitnehmerscheibe oder Kupplungsautomat, oftmals sogar beide, verbraucht. Das Erneuern von Mitnehmerscheibe und Kupplungsautomat ist für diejenigen, die über entsprechende Voraussetzungen verfügen, im Abschnitt „Kupplung trennt nicht" beschrieben. Wer hierüber nicht verfügt, läßt den Schaden in der Vertragswerkstatt beheben.

Kupplung rupft

Unter „Rupfen" versteht man das ungleichmäßige Greifen der Kupplung. Es macht sich beim Anfahren in dem Moment bemerkbar, in dem die kraftschlüssige Verbindung zwischen Motor und Getriebe zustande kommt. Diese unangenehme Erscheinung führt zwar nicht zum vorzeitigen Ausfall der Kupplung, so daß man die Fahrt bedenkenlos fortsetzen kann, man sollte sie aber dennoch beim nächsten Aufenthalt des Fahrzeugs in der Werkstatt mit beseitigen lassen. Ursachen für das Rupfen der Kupplung ist in der Regel eine verölte, eine verhärtete oder auch eine schlagende Mitnehmerscheibe.

Kupplung verölt: Ist die Kupplung verölt, d. h. die Mitnehmerscheibe teilweise mit Öl behaftet, was das plötzliche, ruckartige Greifen der Kupplung mit sich bringt, kann nur die Werkstatt helfen, indem sie die Kupplung reinigt und die Mitnehmerscheibe erneuert. Das in die Kupplung geratene Öl kann infolge Undichtheit des vorderen Radialdichtrings des Getriebes bzw. der hinteren Kurbelwellenabdichtung in die Kupplung eingedrungen sein, so daß ggf. auch diese Dichtringe erneuert werden müssen.

Mitnehmerscheibe verhärtet: Eine verhärtete Mitnehmerscheibe der Kupplung ist nach längerer Laufzeit des Fahrzeugs durchaus möglich. Die Kupplungsbeläge sind in diesem Fall mit einer harten glasurartigen Masse überzogen oder verbrannt. Schwungscheibe und Anpreßplatte des Kupplungsautomaten sind dadurch fast immer in Mitleidenschaft gezogen und müssen demzufolge erneuert werden.

Kupplung macht Geräusche

Das Kupplungsdrucklager kann bei niedergetretenem Kupplungspedal ein heulendes bzw. kratzendes Geräusch von sich geben. Dieses Geräusch verschwindet jedoch meist wieder, sobald das Kupplungspedal zurückgelassen wird. Ist dieses Geräusch nur leicht hörbar, kann die Fahrt unbedenklich fortgesetzt werden. Verstärkt es sich jedoch, muß die nächste Werkstatt aufgesucht werden. Bis dahin fährt man so, daß die Kupplung so wenig wie möglich betätigt werden muß. Das Kupplungsdrucklager (s. Bild 4-8) ist nach Ausbau des Getriebes, wie im Abschnitt „Kupplung trennt nicht" beschrieben, zugänglich. Nach Entfernen der Haltefeder kann es gegen ein neues ausgetauscht werden. Fachliche Kenntnisse sind Voraussetzung.

Getriebe läßt sich schwer schalten

Schaltschwierigkeiten haben als hauptsächlichste Ursache Kupplungsmängel. Im Abschnitt „Kupplung trennt nicht" sind sie beschrieben. Ansonsten haben auf die Schaltfähigkeit des Getriebes die Einstellung des Schalthebels und die Ölfüllung im Getriebe Einfluß.

Schalthebel: Die Schalthebelverlängerung (Bild 4-11) kann sich, was zwar sehr selten vorkommt, aus ihrer elastischen Lagerung gelöst haben. Als Folge sind unkorrekte Schaltwege zu verzeichnen. Man befestigt sie, indem man sie zunächst auseinander baut. Hierzu wird die Faltmanschette nach unten gedrückt und der elastische Ring mit einem

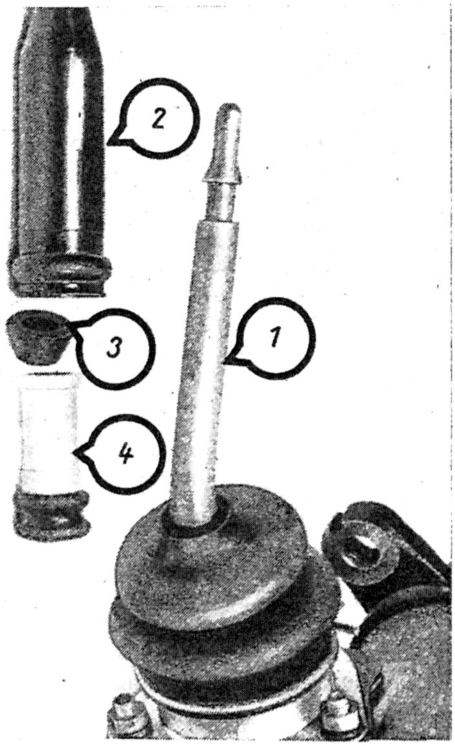

Bild 4-11 Schalthebel mit Verlängerungsteilen; 1 – Schalthebel, 2 – Verlängerung, 3 – Dämpfungsgummi, 4 – Abstandshülse

spitzen Gegenstand (kleiner Schraubendreher) aus der Schalthebelverlängerung herausgehebelt. Nunmehr läßt sich die Schalthebelverlängerung abnehmen. Jetzt werden die auf dem Schalthebel verbliebenen Teile der elastischen Lagerung voneinander getrennt und in der vorherigen Reihenfolge wieder in die Schalthebelverlängerung eingesetzt; als letztes der elastische Ring. Nun wird die Schalthebelverlängerung mit einem kräftigen Händedruck auf den Schalthebel gedrückt, bis man spürt, daß der Sicherungsring in die Schalthebelnut eingerastet ist. Die Schalthebelverlängerung ist dann wieder funktionstüchtig.

Falsches Öl: In das Wechselgetriebe gehört das Getriebeöl GH 125. Es kann ganzjährig darin verbleiben. Hat jedoch jemand ein zähflüssigeres (dickeres) Getriebeöl in das Getriebe eingefüllt, um damit vielleicht die Laufgeräusche des Getriebes zu vermindern, kann sich das durchaus in erschwertem Schalten der Gänge, besonders in der kalten Jahreszeit, aber auch in den anderen Jahreszeiten vor Erreichen der Betriebstemperatur auswirken. Man stellt in diesem Falle das Getriebeöl auf die vorgeschriebene Marke um, wie im Abschnitt „Schaltgetriebeöl" dargelegt.

Gänge springen heraus

Ein Herausspringen des einen oder anderen Ganges oder auch mehrerer Gänge während der Fahrt – das kann bei Zug oder auch bei Schub geschehen – ist bei den Wechselgetrieben aller WAS-Typen äußerst selten. Passiert es dennoch, ist eine sofortige Instandsetzung des Getriebes in der Vertragswerkstatt unerläßlich. Passiert einem das unterwegs, kann bis zur nächsten Werkstatt mit eigener Kraft weitergefahren werden. Aber Vorsicht bei Bergabfahrten! Die hier gewöhnlich mitkalkulierte Bremswirkung des Motors könnte infolge des Herausspringens des Ganges plötzlich aussetzen.

Getriebe heult

Die Schrägverzahnung der Zahnräder aller vier Vorwärtsgänge garantiert bei den WAS-Getrieben eine hohe Laufkultur. Ein gewisser Geräuschpegel, bei den einzelnen Fahrzeugen unterschiedlich, ist dennoch vorhanden, stellt aber keinen Mangel dar. Werden die Getriebegeräusche im Laufe der Zeit jedoch zunehmend stärker, vergewissert man sich zuerst, ob sich genügend Öl im Getriebe befindet oder ob vielleicht gar Öl verloren geht. Im letzteren Fall ist die Vertragswerkstatt zu Rate zu ziehen; es sind in der Regel die Radialdichtringe des Getriebes zu erneuern. Unnormale Getriebegeräusche können im Leerlauf, in den unteren Gängen, in nur einem Gang oder in allen Gängen auftreten. Ist im Getriebe jedoch genügend Öl vorhanden, kann die Fahrt zunächst einmal fortgesetzt werden. Man sollte jedoch eine recht baldige Instandsetzung des Getriebes einplanen. In Selbsthilfe ist das nicht möglich.

Getriebe verliert Öl

Getriebeölverlust, näher festzustellen mit der im Abschnitt „Motor verliert Öl" beschriebenen Methode, kann infolge Undichtheit des vorderen oder auch des hinteren Radialdichtringes, der Gehäuseverbindungen und des unteren Getriebedeckels auftreten. Ist das Getriebe an diesen Stellen – außer am vorderen Radialdichtring sichtbar – jedoch nur leicht mit Öl benetzt, liegt noch kein echter Ölverlust vor; es sei denn, der Ölstand im Getriebe sinkt bei jeder Fahrt spürbar ab. Bei Verdacht auf echten Ölverlust kontrolliert man daher den Ölstand im Getriebe, wie im Abschnitt „Schaltgetriebeöl wechseln" näher beschrieben. Handelt es sich hierbei um den unteren Getriebedeckel, läßt sich die Dichtung in Selbsthilfe erneuern. Alle anderen Ursachen für den Ölverlust kann nur die Vertragswerkstatt beseitigen.

Gelenkwellen machen Geräusche

Geräusche, ausgehend von den Gelenkwellen, kommen bei fast allen WAS-Fahrzeugen vor. Sie äußern sich unterschiedlich; abhängig davon, ob angefahren wird oder ob sich das Fahrzeug bereits in Bewegung befindet. Beim Anfahren oder auch beim Rangieren ist oftmals ein leichtes Klicken zu hören; insbesondere dann, wenn der Anfahrvorgang einmal nicht besonders weich ausgefallen ist. Dieses Klicken ist bis zu einem gewissen Grade als normal zu bezeichnen. Es ist bedingt durch die Gelenkstellen der zwei Gelenkwellen. Wird es jedoch im Laufe der Zeit größer, müssen die Gelenkstellen überprüft werden; sie könnten schon einen Verschleißgrad erreicht haben, der beseitigt werden muß.

Nutenspiel: Gemeint ist damit das Spiel im Schiebestück der vorderen Gelenkwelle. Ein vorzeitiger Verschleiß tritt hier aber nur bei unterlassenem Abschmieren ein. Die Folge davon ist, daß sich das Spiel unzulässig vergrößert hat und sich schließlich in dem schon erwähnten Klicken bemerkbar macht. Eine Weiterfahrt ist aber durchaus möglich; zumindest solange, wie sich das Klicken nicht verstärkt.

Bild 4-12 Zwischenlager der Gelenkwelle; Verschleiß macht sich durch Klappern bemerkbar

Kreuzgelenke: Den Grad des Verschleißes der Kreuzgelenke an beiden Gelenkwellen (Bild 4-12) überprüft man provisorisch dadurch, daß man versucht, die Gelenkwellen durch Rütteln sowohl in der Auf-, in der Ab- und auch in der Drehrichtung zu bewegen. Klappern sie hierbei in ihren Gelenken, ist es höchste Zeit, die Werkstatt mit der Reparatur zu beauftragen. Eine Weiterfahrt ist nur noch bedingt möglich (Unwucht!). Man vermeidet daher auf alle Fälle höhere Geschwindigkeiten.
Beim Fahren machen sich die von den Gelenkwellen ausgehenden Geräusche anders bemerkbar bzw. haben andere Ursachen; Heulendes bis brummendes Geräusch infolge defekten Zwischenlagers (s. Bild 4-12) bzw. Brummen infolge Unwucht in den Gelenkwellen.

Zwischenlager: Ein defektes Zwischenlager bringt das schon erwähnte heulende Geräusch, zuweilen auch ein Mahlen hervor. Diese Geräusche sind drehzahlabhängig und in der Regel bis zum Stillstand des Fahrzeugs zu hören. Die Zwischenlager lassen wir zweckmäßigerweise in der Vertragswerkstatt auswechseln.

Unwucht: Eine in den Gelenkwellen steckende Unwucht – die Ausgleichgewichte (Blechstreifen) gehen kaum verloren – macht sich durch Dröhnen bzw. Brummen des Wagenbodens bemerkbar. Die Geräusche steigen mit zunehmender Geschwindigkeit an. Ursache sind entweder ausgeschlagene oder trockengelaufene Kreuzgelenke. Eine Weiterfahrt ist nur mit niedriger Geschwindigkeit möglich. Infolgedessen läßt man den Schaden recht bald beheben.

Selbstreparatur: Zu einer Selbstreparatur der Gelenkwellen wird nicht geraten, obwohl in den Fachgeschäften einzelne Gelenkwellen und auch die dazugehörigen Bauteile angeboten werden. Der Grund hierfür: Der Nichtfachmann hat keine Möglichkeit, die aus Einzelteilen zusammengesetzten Gelenkwellen auszuwuchten! Infolgedessen ist dem kompletten Austausch von vormontierten Gelenkwellen der Vorzug zu geben. Das verhindert die immer mögliche Unwucht in den Gelenkwellen und damit den vorzeitigen Verschleiß der Lager des Wechsel- und des Ausgleichgetriebes.

Hinterachse macht Geräusche

Die hypoidverzahnten Achsgetriebe aller WAS-Typen zeichnen sich bei richtiger Wartung durch eine hohe Lebensdauer und Laufkultur aus. Dennoch ist auch hier wie beim Wechselgetriebe keine absolute Laufruhe zu erwarten. Besonders der WAS 2103 neigt aufgrund seiner Achsübersetzung bei gleichbleibender Geschwindigkeit zu einer leichten Geräuschbildung. Ist man im Zweifel, ob der Geräuschpegel der Hinterachse das normale Maß übersteigt, konsultiert man die Vertragswerkstatt. Nur sie ist in der Lage, Unstimmigkeiten an der Hinterachse zu korrigieren. Uns selbst bleiben nur die folgenden Kontrollen bzw. Korrekturmaßnahmen.

Zu wenig oder falsches Öl: Zu wenig oder falsches Öl im Hinterachsgehäuse erhöht den Geräuschpegel. Vorgeschrieben ist das Getriebeöl GH 125. Treten aber dennoch plötzlich erhöhte Geräusche auf und dieselben verstärken sich mit zunehmender Erwärmung des Ausgleichgetriebes noch, wird zunächst der Ölstand überprüft und ggf. korrigiert. Hilft das nicht, kann nur die Vertragswerkstatt zu Rate gezogen werden.

Achseingriff: Unstimmigkeiten am Achseingriff, d. h. am Ausgleichgetriebe, machen sich beim Fahren durch heulende oder ratternde Geräusche bemerkbar. Der Nichtfachmann kann sie nicht beseitigen. Tritt ein heulendes Geräusch während der Fahrt an der Hinterachse auf, ohne daß ein Ölverlust eingetreten ist, kann die Fahrt unbedenklich fortgesetzt werden. Bei mahlenden oder ratternden Geräuschen im Ausgleichgetriebe ist dagegen sofort die Fahrgeschwindigkeit zu vermindern und die nächste Werkstatt aufzusuchen. Sie muß entscheiden, ob weitergefahren werden kann oder nicht.

Halslager: Am Halslager – gemeint ist das Lager, an dem die Gelenkwelle angeflanscht ist – wird immer eine gewisse Verschmutzung durch Öl erkennbar sein. Solange jedoch der Ölstand im Ausgleichgetriebe nicht absinkt, ist dieser Ölaustritt durch Schwitzen normal. Selbst die Erneuerung des Radialdichtringes würde keine Änderung bringen.

Radlager: Unstimmigkeiten an den Radlagern der Hinterachse – dieselben sind wartungsfrei – machen sich durch rhythmische mahlende Geräusche bzw. durch ein zu großes Spiel bemerkbar. Und da die hinteren Radlager nicht nachstellbar sind, ist bei einem vermuteten Radlagerschaden sofort die nächste Werkstatt aufzusuchen. Andernfalls könnten größere Folgeschäden eintreten. Eine Selbstreparatur der Radlager ist uns nicht möglich. Es bleibt nur die Möglichkeit, die betreffende Achswelle, auch Steckachse genannt, komplett auszuwechseln. Und da die Sicherungen der Radlager unter Wärme und Druck auf die Achswellen aufgeschrumpft sind, was dem Nichtfachmann keinesfalls gelingen dürfte, fordern die Interessen der Sicherheit ganz einfach eine Instandsetzung der Radlager in der Vertragswerkstatt.

Bremsen: Relativ häufig werden Geräusche an der Hinterachse durch schleifende Bremsen hervorgerufen. Man prüft das bei angehobenem Fahrzeug durch Drehen der Räder mit der Hand. Sind hierbei Schleifgeräusche hörbar, d. h. die Bremsbacken lösen sich nicht weit genug von der Bremstrommel, wird die Ursache ermittelt und der Mangel beseitigt. Nähere Ausführungen hierzu sind in den Abschnitten „Bremsanlage warten“ sowie „Bremsen machen Geräusche“ enthalten.

Radschrauben: Die Radschrauben dürfen nicht übermäßig fest angezogen werden, andernfalls werden die Felgen, d. h. die Sitze der Radschrauben in den Felgen, zerstört. Zu weit durchgezogene Radschrauben haben nämlich zur Folge, daß sie Elemente der Radbremsen berühren und hierbei zumindest rhythmische Geräusche verursachen. Liegt dieser Verdacht nahe, wird das Fahrzeug mit dem Wagenheber hinten soweit angehoben, bis sich die Räder frei drehen können. Nunmehr werden die Räder von Hand nach vorn gedreht. Bestätigt sich hierbei der Verdacht, daß die Radschrauben an den Elementen der Radbremse schleifen, wird probeweise das Ersatzrad mit gewöhnlich noch intakter Felge aufgesetzt und der Drehversuch hiermit wiederholt. Ist jetzt das Geräusch verschwunden, ist das die Bestätigung dafür, daß die Radschrauben die Stammfelgen schon deformiert haben. Die Felgen sind in diesem Falle zu erneuern. Das Erneuern nur leicht lädierter Felgen kann man sich ersparen, wenn man die Radschrauben um zwei Gewindegänge kürzt. Das Gewinde muß hiernach jedoch noch einwandfrei sein. Die Radschrauben müssen sich nach wie vor von Hand leicht eindrehen lassen.

Stoßdämpfer: Geräusche im Hinterachsbereich können auch von den Stoßdämpfern herrühren. Insbesondere die im Fachhandel angebotenen aus der DDR-Produktion neigen manchmal dazu, polternde Geräusche von sich zu geben. Diese Geräusche treten ganz besonders gern nach längerem Abstellen des Fahrzeugs auf, verschwinden in der Regel mit zunehmender Laufstrecke aber wieder. Die Stoßdämpfer sind aber dennoch nicht defekt. Im Abschnitt „Stoßdämpfer kontrollieren“ ist mehr zum Prüfen der Stoßdämpfer gesagt.

Störungen am Fahrwerk

Zum Fahrwerk gehören Lenkung, Bremsanlage, Achsen mit Federn und Stoßdämpfer sowie Räder und Bereifung. Die hieran möglichen Störungen sind in Tabelle 4-3 zusammengefaßt. Hier sind die Erscheinungsformen der möglichen Störungen, ihre Ursachen und die Maßnahmen zu ihrer Beseitigung beschrieben. Hingewiesen sei in diesem Zusammenhang ausdrücklich darauf, daß insbesondere die einzelnen Elemente des Fahrwerks von ausschlaggebender Bedeutung für die Verkehrssicherheit des Fahrzeugs sind. Infolgedessen sind alle Arbeiten an den Elementen des Fahrwerks (s. auch Abschnitt „Arbeiten am Fahrwerk") mit größter Gewissenhaftigkeit auszuführen bzw. ist bei jedem Zweifel an der Richtigkeit dieser oder jener Maßnahme ein Fachmann zu Rate zu ziehen, dessen Urteil im eigenen Interesse zu befolgen ist.

Tabelle 4–3: Mögliche Störungen an den Fahrwerkselementen

Erscheinung/Ursache	Abhilfe
Lenkung geht zu schwer	
Reifeninnendruck stimmt nicht	Richtigen Reifeninnendruck herstellen
Ungenügender Ölstand im Lenkgetriebe	Ölstand ergänzen; s. s. Abschn. „Lenkungsspiel überprüfen"
Kugelgelenke trockengelaufen	Gelenke ölen; s. Abschn. „Lenkung geht zu schwer"
Übersetzungshebellagerung verschmutzt	Hebellagerung gangbar machen; s. Abschn. „Lenkung geht zu schwer"
Achsgeometrie stimmt nicht	Sturz u. Vorspur der Vorderräder überprüfen; s. Abschn. „Vorderradeinstellwinkel korrigieren"
Lenkung hat zu viel Spiel	
Kugelgelenke ausgeschlagen	Kugelgelenke instand setzen lassen; s. Abschn. „Lenkung hat zu viel Spiel"
Lenkgetriebe ausgeschlagen	Lenkgetriebe nachstellen; s. Abschn. „Lenkungsspiel überprüfen"
Fahrzeug läuft nicht geradeaus	
Reifenzustand nicht in Ordnung	Reifenzustand in Ordnung bringen; s. Abschn. „Fahrzeug läuft nicht geradeaus"
Achsgeometrie stimmt nicht	Achsgeometrie vermessen lassen; s. Abschn. „Fahrzeug läuft nicht geradeaus"
Klappergeräusche im Vorderwagen	
Stoßdämpfer defekt	Stoßdämpfer überprüfen; s. Abschn. „Klappergeräusche im Vorderwagen"
Radlager defekt	Radlager nachstellen, ggf. erneuern; s. Abschn. „Radlagerspiel überprüfen"

noch Tabelle 4–3

Erscheinung/Ursache	Abhilfe
Kugelgelenke ausgeschlagen	Kugelgelenke erneuern lassen; s. Abschn. „Klappergeräusche im Vorderwagen"
Querlenkerlagerung ausgeschlagen	Lagerung überholen lassen; s. Abschn. „Klappergeräusche im Vorderwagen"
Lenkung flattert	
Unwucht zumindest in einem Rad	Räder neu auswuchten lassen
Stoßdämpfer defekt	Stoßdämpfer überprüfen, ggf. erneuern; s. Abschn. „Klappergeräusche im Vorderwagen"
Achsgeometrie stimmt nicht	Achsgeometrie vermessen lassen; s. Abschn. „Fahrzeug läuft nicht geradeaus"
Bremspedal läß sich zu weit durchtreten	
Bremsflüssigkeit ist verlorengegangen	Bremsanlage überprüfen; s. Abschn. „Bremsanlage warten"
Luft im Bremssystem	Bremsanlage entlüften; s. Abschn. „Bremsanlage warten"
Einstellung der Radbremsen stimmt nicht mehr	Bremsen neu einstellen; s. Abschn. „Bremsanlage warten"
Bremspedalweg ist zu gering	
Stößelspiel ist zu klein	Stößelspiel neu einstellen; s. Abschn. „Bremspedalweg ist zu gering"
Bremse zieht einseitig	
Betätigungselemente schwergängig oder verunreinigt	Betätigungselemente reinigen; s. Abschn. „Bremsanlage warten"
Bremse macht Geräusche	
Bremse quietscht	Nur Schönheitsfehler; s. Abschn. „Bremsen machen Geräusche"
Bremsen poltern metallisch hell	Bremsanlage instand setzen lassen; s. Abschn. „Bremsen machen Geräusche"

noch Tabelle 4–3

Erscheinung/Ursache	Abhilfe
Radbremsen werden zu warm	
Haupt- oder Radbremszylinder fest	Bremsanlage überprüfen, ggf. reparieren lassen; s. Abschn. „Radbremsen werden zu warm"
Stößelspiel stimmt nicht	Stößelspiel richtig einstellen; s. Abschn. „Bremspedalweg ist zu gering"
Bremskraftverstärker defekt	Bremskraftverstärker in der Werkstatt überprüfen lassen; s. Abschn. „Radbremsen werden zu warm"

Lenkung geht zu schwer

Die Leichtgängigkeit der Lenkung ist bei allen WAS-Typen sprichwörtlich. Sollte sich dennoch einmal eine gewisse Schwergängigkeit oder auch ein Flattern einstellen, sind die Ursachen hierfür durch Überprüfen der nachstehend aufgeführten Baugruppen bzw. Teile zu suchen und die hieran festgestellten Mängel so schnell wie möglich zu beheben.

Reifeninnendruck: Ein zu niedriger Reifeninnendruck führt u. a. dazu, daß die Lenkung teigig, d. h. schwergängig, ist. Ganz besonders wirkt sich ein nicht stimmender Reifeninnendruck bei Radialreifen aus. Wir überprüfen also ggf. den Reifeninnendruck und stellen denselben nach den Angaben in der Betriebsanleitung wieder her; natürlich abhängig von der Belastung des Fahrzeugs.

Lenkgetriebe: Ein ungenügender Ölstand im Lenkgetriebe macht sich durch Klemmen bzw. Schwergängigkeit der Lenkung bemerkbar. Stellt man diesen Mangel fest, ergänzen wir den Ölstand. Im Abschnitt „Lenkungsspiel überprüfen und einstellen" ist dargelegt, wie das gemacht wird. Nachgefüllt wird das Getriebeöl GH 125. Bei unterwegs festgestelltem zu niedrigen Ölstand sollte die Fahrt erst dann fortgesetzt werden, wenn der Ölstand korrigiert worden ist. Andernfalls könnte sich das Lenkgetriebe verklemmen.

Kugelgelenke: Kugelgelenke jeder Art, beim WAS an Spurstangen und Achsgelenken zu finden, neigen zur Schwergängigkeit, sobald sie infolge längerer Einwirkung von Feuchtigkeit (Lauge) und Staub stärker verschmutzt sind, auch wenn sie vom Fahrzeughersteller als wartungsfrei deklariert werden. Im äußersten Fall fangen trockengelaufene Kugelgelenke darum auch an zu knarren und verraten so ihre Schwergängigkeit. Solche Kugelgelenke müssen möglichst bald ausgewechselt werden; aus Sicherheitsgründen durch die Vertragswerkstatt. In der Not, z. B. auf einer größeren Fahrt, kann man sich helfen, indem man die Abdichtmanschetten mit einem kleinen Schraubendreher anhebt und hier etwas Öl einspritzt. Das macht zumindest die Lenkung soweit wieder leichtgängig, bis die nächste Werkstatt den Schaden endgültig behebt.

Übersetzungshebel: Der Übersetzungs- oder Pendelhebel (s. Bild 3-32) als ein weiteres Element des Lenksystems ist in einem Lagerbock, der wiederum am rechten Hilfsrahmenträger angeflanscht ist, in wartungsfreien Buchsen gelagert und gegen das Eindringen von Feuchtigkeit und Schmutz geschützt. Das schließt jedoch nicht aus, daß seine Lagerung infolge des Eindringens vor allem chemischer Auftaumittel mit der Zeit verseift, also schwergängiger wird. Ist die Lagerung des Übersetzungshebels als Fehlerquelle für die

Schwergängigkeit der Lenkung erkannt, muß man recht bald die Werkstatt aufsuchen. Sie hat die Möglichkeit, den auf dem Übersetzungshebel befestigten Lenkhebel abzuziehen und seinen Laufbolzen wieder gangbar zu machen. Eine Selbsthilfe ist nur dadurch möglich, daß man den Splint entfernt, die Mutter des Laufbolzens abschraubt, den Laufbolzen mit einem Rostlösemittel, z. B. Ferroform, einsprüht und alles wieder montiert. Die Lagerung soll ohne Höhenspiel, jedoch nicht schwergängig sein. Zur Sicherung muß ein neuer Splint verwendet werden.

Achseinstellung: Schließlich kann noch eine falsche Achsgeometrie zur Schwergängigkeit der Lenkung beitragen. Unsere Möglichkeiten zur Überprüfung von Sturz und Vorspur der Vorderräder sind im Abschnitt „Vorderradeinstellwinkel kontrollieren" beschrieben. Besser ist es natürlich, hierfür einen optischen Achsmeßstand einzusetzen. Aber darüber verfügen nur die Vertragswerkstätten bzw. die Diagnosezentren. Man läßt das deshalb hier machen.

Lenkung hat zu viel Spiel

Ein unzulässig großes Spiel am Lenkrad kann nach längerer Laufzeit des Fahrzeugs als Ursachen ausgeschlagene Kugelgelenke oder ein ausgeschlagenes Lenkgetriebe haben.

Kugelgelenke: Bei Verdacht auf ausgeschlagene Kugelgelenke am Lenkgestänge – es sind insgesamt 6 – unterzieht man jedes einzelne Kugelgelenk einer genauen Sichtkontrolle, wobei man gleichzeitig an den dorthin führenden Lenkungsteilen rüttelt. Stellt man hierbei auch nur an einem Kugelgelenk ein merkliches Spiel fest, beauftragt man die Vertragswerkstatt mit der Erneuerung desselben. Zur Selbsthilfe wird nicht geraten, zumal nachfolgend auch die Vorspur neu eingestellt werden muß.

Lenkgetriebe: Die Kontrolle des Ölstandes im Lenkgetriebe wurde schon im vorstehenden Abschnitt behandelt. Hier soll es uns daher nur um folgendes gehen: Ist kein Spiel in den Kugelgelenken festgestellt worden, kommt als Ursache für ein zu großes Spiel am Lenkrad eigentlich nur noch das Lenkgetriebe in Frage. Es wird wie im Abschnitt „Lenkungsspiel überprüfen und einstellen" beschrieben, nachgestellt. Bringt das keinen Erfolg mehr, muß das Lenkgetriebe instand gesetzt werden.

Fahrzeug läuft nicht geradeaus

Auch der WAS muß auf ebener Fahrbahn und bei Windstille ohne Betätigung des Lenkrades genau geradeaus laufen. Stellt man trotz gleichmäßiger Verteilung der Last, z. B. zwei Personen vorn oder vier Personen insgesamt, fest, daß er auf ebener Fahrbahn und vielleicht ganz geringem Seitenwind ohne Unterstützung mit dem Lenkrad nicht mehr in der Spur bleibt, sind nachstehende Kontrollen angebracht.

Reifeninnendruck/Reifenzustand: Als erstes überprüft man den Reifeninnendruck an allen vier Rädern und korrigiert denselben gegebenenfalls. Danach betrachtet man die Reifen auf ihren Profilzustand hin genauer. Unterschiedlich abgelaufene Reifen beeinflussen das Geradeauslaufen des Fahrzeugs. In diesem Falle tauscht man die Räder so gegeneinander aus, daß sie zumindest achsweise den gleichen Zustand aufweisen. Ergibt sich auch jetzt noch kein exakter Geradeauslauf, setzt die nächste Kontrolle ein.

Achsgeometrie: Ein Überprüfen der Achsgeometrie, d. h. von Radsturz und Vorspur der Vorderräder, ist uns nur nach den im Abschnitt „Vorderradeinstellwinkel kontrollieren" beschriebenen Methoden und mit den hier auch vorgestellten Hilfsmitteln möglich. Zeigen sich hierbei gegenüber den vorgeschriebenen Werten (s. Anlage 1) keine Abweichungen vom Normalen, ist eine genaue Überprüfung von Vorderachse und Lenkung durch die Werkstatt notwendig. Es kann sein, daß Teile von Vorderachse oder Lenkung infolge des schnellen Durchfahrens von unvermuteten großen Schlaglöchern leicht deformiert wurden. Aber dazu muß das Fahrzeug auf einen speziellen Achsmeßstand, über den nur die Vertragswerkstätten bzw. die Diagnosezentren verfügen. Man bringt es deshalb recht bald dorthin, läßt hier den Fehler ermitteln und anschließend in der Werkstatt beheben.

Klappergeräusche im Vorderwagen

Klappergeräusche im Vorderwagen lassen sich nur schwer lokalisieren. Es sind in der Regel mehrere Baugruppen oder -teile daran beteiligt. Dennoch wollen wir eine Analyse vor allem der möglichen Störungen versuchen, deren Ursachen wir selbst beseitigen können.

Stoßdämpfer: Liegt der Verdacht nahe, daß ein Stoßdämpfer die Klappergeräusche im Vorderwagen verursacht, bauen wir diesen Stoßdämpfer aus. Dazu sind folgende Arbeiten notwendig:

- Fahrzeug anheben und unter das betreffende Vorderrad einen Holzklotz von etwa 100 mm Dicke legen
- Fahrzeug auf den Holzklotz absenken
- Obere Befestigung des Stoßdämpfers abschrauben und dabei an der Kolbenstange mit einem Gabelschlüssel 7 mm gegenhalten
- Untere Stoßdämpferhalterung vom Querlenker abschrauben (zwei Schrauben SW 13 mm) und Stoßdämpfer nach unten herausnehmen
- Untere Stoßdämpferlagerung durch Entfernen der quer zum Stoßdämpfer liegenden Schraubverbindung abnehmen

Nunmehr können die unteren und oberen Gummilager des Stoßdämpfers geprüft werden. Sind sie schadhaft (vor allem eingearbeitet), werden sie erneuert. Meist ist damit das Klappergeräusch dann auch verschwunden.

Eine funktionelle Überprüfung der Stoßdämpfer ist uns nur provisorisch von Hand möglich. Hierbei ziehen wir den Stoßdämpfer in vertikaler Lage auseinander und schieben ihn wieder zusammen. Es muß durchgängig über dem gesamten Hub ein gleicher Widerstand zu spüren sein; beim Auseinanderziehen wesentlich größer als beim Zusammenschieben. Ist das nicht der Fall, ist dieser Stoßdämpfer mit Sicherheit nicht mehr völlig in Ordnung (Ölverlust!) und wird ausgetauscht. Der Einbau des neuen Stoßdämpfers geschieht in entgegengesetzter Reihenfolge des Ausbaus. Besonderheiten sind hierbei nicht zu beachten.

Radlager: Ein zu großes Radlagerspiel kann auch zu Klappergeräuschen im Vorderwagen führen bzw. dazu beitragen. Ist das der Fall, beseitigt man es, wie im Abschnitt „Radlagerspiel überprüfen und einstellen" beschrieben.

Kugelgelenke: Die Behandlung der an sich als wartungsfrei deklarierten Kugelgelenke (s. Bild 3-30) ist im Abschnitt „Lenkungsspiel überprüfen und einstellen" beschrieben. Besteht der Verdacht, daß diese Gelenke trotz guter Wartung nach längerer Laufzeit des Fahrzeugs ein zu großes Spiel bekommen haben, was naturgemäß zu Klapper- oder Klopfgeräuschen im Vorderwagen führt, ermitteln wir den Verschleißzustand genauer. Rütteln wir im unbelastetem Zustand des Fahrzeugs kräftig erst an dem einen und dann an dem anderen Vorderrad des nicht aufgebockten Fahrzeugs quer zur Fahrtrichtung, kann eine zweite Person beim Abtasten des jeweiligen Kugelgelenks feststellen, ob sich hier Spiel eingestellt hat und das Gelenk somit schadhaft ist. Ist das der Fall, beauftragt man die Vertragswerkstatt mit der Erneuerung beider Kugelgelenke der Vorderachse. Erweise es sich unterwegs als notwendig, ein Klappern der Kugelgelenke zu beseitigen, setzen wir die Fahrt aus Gründen der Verkehrssicherheit mit entscheidend verminderter Geschwindigkeit bis zur nächsten Werkstatt fort.

Querlenkerlagerung: Besteht der Verdacht, daß die oberen und unteren Querlenker der Vorderachse (s. Bild 3-28), obwohl in wartungsfreien Gummibüchsen gelagert, die Ursache für klappernde oder klopfende Geräusche im Vorderwagen sind, ziehen wir zunächst ihre Schraubverbindungen nach. Hilft das nicht, ist die Lagerung gewöhnlich ausgeschlagen. In diesem Falle setzen wir die Fahrt mit verminderter Geschwindigkeit bis zur nächsten Werkstatt fort und lassen hier den Schaden beheben. In Selbsthilfe ist uns das nicht möglich.

Lenkung flattert

Ein Flattern der Lenkung (unruhiges Lenkrad während der Fahrt) kann auf Unwucht in den Vorderrädern, auf einen defekten Stoßdämpfer oder auch auf eine falsche Achsgeometrie zurückzuführen sein.

Radunwucht: Einer Unwucht in den Rädern und damit einem Flattern der Lenkung während der Fahrt beugt man dadurch vor, daß man die Räder in regelmäßigen Abständen auswuchten läßt; diagonalbereifte Räder zweckmäßigerweise alle 5000 km, radialbereifte Räder alle 10 000 km.
Wird man von einem Flattern der Lenkung, das gewöhnlich bei Geschwindigkeiten ab 80 km/h auftritt, unterwegs überrascht – ein Masseausgleichstück kann verlorengegangen sein –, vermeidet man die Geschwindigkeiten, bei denen sich das Flattern der Lenkung bemerkbar macht. Das schont die Gelenke der Vorderachse, die andernfalls recht hoch beansprucht werden.

Stoßdämpfer: Defekte vordere Stoßdämpfer machen sich insbesondere auf schlechten Fahrbahnen (die Vorderräder springen) durch Flattern der Lenkung, u. U. aber auch durch ein unruhiges Verhalten des ganzen Fahrzeugs, bemerkbar. Das Auswechseln beider vorderen Stoßdämpfer ist in einem solchen Fall zu empfehlen. Wechselt man nur den defekten Dämpfer, erleidet der im Fahrzeug verbliebene andere Stoßdämpfer auch bald einen Defekt, denn die Dämpfungskraft des neuen Stoßdämpfers ist gewöhnlich größer als die des alten und zum Teil auch schon weich gewordenen Dämpfers. Das Auswechseln der Stoßdämpfer ist im Abschnitt »Klappergeräusche im Vorderwagen" beschrieben.

Bremspedal läßt sich zu weit durchtreten

Läßt sich das Bremspedal im Laufe der Zeit immer etwas weiter durchtreten, bevor ein Widerstand (das Anlegen der Bremsbacken an die Bremsscheiben oder -trommeln) zu spüren ist, haben entweder die Beläge der hinteren Radbremsen (nur bei den Typen 2101, 2102 und 21011) einen gewissen Abnutzungsgrad erreicht oder die Ursache liegt im hydraulischen System der Bremsanlage.

Bremsflüssigkeitsverlust: Der Verlust von Bremsflüssigkeit ist zunächst einmal an den Vorratsbehältern für Bremsflüssigkeit sichtbar. Der mittlere Behälter versorgt den Bremskreis der Vorderachse, der in Fahrtrichtung rechte Behälter den Bremskreis der Hinterachse. Und da beide Behälter weit oben miteinander gekoppelt sind, ist bei Ausfall eines Bremskreises immer noch genügend Bremsflüssigkeit für den anderen Bremskreis vorhanden. Dennoch muß unbedingt beachtet werden, daß die Bremswirkung bei Ausfall eines Bremskreises ganz erheblich von der der voll intakten Bremsanlage abweicht.
Stellt man fest, daß der Stand der Bremsflüssigkeit in einem der Vorratsbehälter gesunken ist, sucht man die Ursache (meist eine undichte Stelle im System). Hält hierbei eine zweite Person das Bremssystem mit Hilfe des Bremspedals unter Druck, ist relativ schnell zu bemerken, wo Bremsflüssigkeit austritt, und damit, welcher Bremskreis undicht ist. Erfahrungsgemäß sind das aber kaum die Stellen, an denen die Bremsleitungen miteinander verbunden sind. Meist liegt die Undichtheit an einem der Radbremszylinder bzw. Bremssättel. Um die Diagnose jedoch vollständig treffen zu können, nimmt man die Räder von den Achsen des betreffenden Bremskreises ab und sieht dann auch meist schon die Auswirkungen (ausgelaufene Bremsflüssigkeit). Eine ordnungsgemäße Abhilfe kann in einem solchen Fall nur die Werkstatt treffen, indem das jeweils defekte Teil der Bremsanlage erneuert wird. Ist dieser Schaden unterwegs und nur an einem Bremskreis aufgetreten, fährt man selbst bei noch intaktem zweiten Bremskreis äußerst vorsichtig, um niemand zu gefährden. Die Bremswege sind erheblich länger.

Luft im Bremssystem: Befindet sich Luft im Bremssystem, bemerkt man das spätestens beim ersten Niedertreten des Bremspedals. Der Leerweg ist erheblich länger geworden. Er verringert sich nur bei wiederholtem Treten (Pumpen) des Pedals. Diese Erscheinung ist schon nach einer Reparatur an der Bremsanlage vorgekommen, bei der noch Restluft im Bremssystem verblieben ist.

Zum Entlüften der Bremsanlage – man kann das selber machen – wird ein Helfer benötigt. Der Entlüftungsvorgang spielt sich so ab:

- Vorratsbehälter mit Bremsflüssigkeit füllen
- Entlüftungsschlauch – man beginnt immer mit der rechten Seite des betreffenden Bremskreises – auf die Entlüftungsschraube des Radbremszylinders aufsetzen und das andere Ende des Schlauches in ein mit etwas Bremsflüssigkeit gefülltes Glas stekken
- Entlüftungsschraube in dem Moment um etwa eine Umdrehung öffnen, in dem der Helfer das Bremspedal schnell voll durchtritt und es hier beläßt (mit dem Fuß festhält)
- Entlüftungsschraube bei niedergetretenem Bremspedal schließen.
- Bremspedal wieder kommen lassen

Dieser Vorgang wird so lange wiederholt, bis die Bremsflüssigkeit blasenfrei am Entlüftungsschlauch austritt. Das kann u. U. eine Zeit dauern, wenn sich die Luftblase im vorderen Teil des zu entlüftenden Bremskreises befindet. Danach entlüftet man auf die gleiche Weise die linke Seite des betreffenden Bremskreises.

Nicht vergessen werden darf bei der Entlüftung der Bremsanlage, die Bremsflüssigkeit in den Vorratsbehältern immer wieder mit neuer Bremsflüssigkeit zu ergänzen. Andernfalls gelangt erneut Luft in die Anlage, und der gesamte Entlüftungsvorgang muß von vorn beginnen.

Bremseneinstellung: Im Laufe der Nutzungszeit des Fahrzeugs verschleißen zwangsläufig die Bremsbeläge. Während sich die vorderen Scheibenbremsen bei allen WAS-Typen und bei den Typen 2103 sowie 2106 auch die hinteren Trommelbremsen selbsttätig nachstellen, müssen die hinteren Trommelbremsen bei den Typen 2101, 2102 und 21011 von Hand nachgestellt werden, sobald sich der Weg des Bremspedals vergrößert hat. Im Abschnitt „Bremsanlage warten“ ist das Nachstellen beschrieben.

Bremspedalweg ist zu gering

Der Leerweg des Bremspedals beträgt 20...30 mm bis zum Druckpunkt. Ist derselbe aus irgendeinem Grunde geringer geworden, schleifen erfahrungsgemäß die Bremsen (Räder erwärmen sich). Festzustellen ist das ferner an der anscheinend plötzlich geringer gewordenen Motorleistung; das Fahrzeug kommt nicht so recht in Schwung. Ursache kann das Stößelspiel sein.

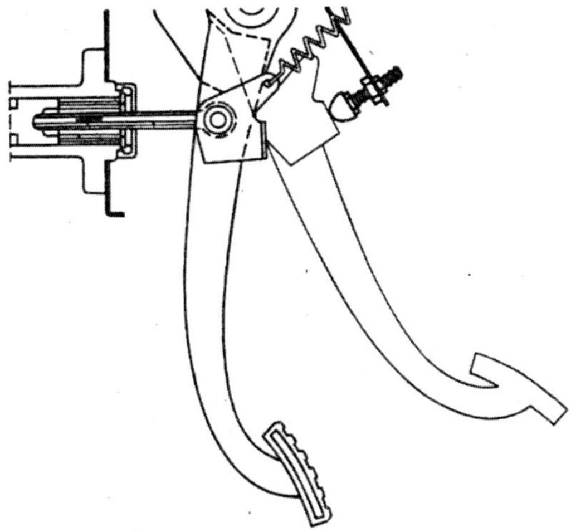

Bild 4-13 Das Stößelspiel wird mit Hilfe der am Bremspedal vorhandenen Einstellschraube eingestellt

Stößelspiel: Das sogenannte Stößelspiel, das Spiel zwischen dem am Bremspedal angelenkten Stößel und dem Kolben des Hauptbremszylinders, ist konstruktiv festgelegt und soll etwa 1 mm betragen. Am Pedaltritt gemessen sind das etwa 5 mm. Eine Verringerung dieses Spiels aus welchem Grunde auch immer, verhindert, daß der Kolben des Hauptbremszylinders nach dem Loslassen des Bremspedals voll in seine Ausgangsstellung zurückkehrt, und als Folge dieses Nichtzurückgehens schleifen eben die Bremsen.

Eingestellt wird das Stößelspiel mit der Anschlagschraube am Bremspedal (Bild 4-13), wobei nach erfolgter Einstellung die Kontermutter wieder festzuziehen ist.

Bremse zieht einseitig

Ursachen für das einseitige Ziehen der Bremse gibt es eigentlich nur zwei; entweder liegt im Bremssystem irgendwo eine bestimmte Schwergängigkeit vor, oder eine Radbremse ist verschmutzt bzw. verölt.

Bremssättel und Radbremszylinder: Einer der vorderen Bremssättel – beide sind sehr stark dem Straßenschmutz ausgesetzt – kann durchaus einmal eine gewisse Schwergängigkeit erfahren. Die Folge ist, daß diese Radbremse weniger fest greift als die andere. Das Fahrzeug zieht in diesem Falle beim Bremsen nach der Seite mit der intakten Radbremse. Ähnliches kann bei den Bremszylindern der hinteren Radbremsen auftreten. Die Auswirkungen sind die gleichen. Den Mangel läßt man in der Vertragswerkstatt beseitigen. Eine Selbsthilfe ist aus Sicherheitsgründen unzweckmäßig. Die Fahrt läßt sich mit entsprechender Vorsicht beenden.

Bremsbacken, -scheiben, -trommeln: Auch diese Bremsenteile machen ständig mit dem Straßenschmutz Bekanntschaft. Kommt ihr natürlicher Verschleiß hinzu, kann es durchaus einmal sein, daß sie die Ursache für das einseitige Ziehen der Bremsen sind. Insbesondere ist das der Fall, wenn die eine oder andere Radbremse durch einen leicht undichten Radbremszylinder mit Bremsflüssigkeit verunreinigt worden ist.
In beiden Fällen hilft nur eine gründliche Reinigung der Radbremsen mit Spiritus, auf keinen Fall mit Kraftstoff. Kraftstoff reinigt einmal nicht gründlich, zum anderen werden die Gummielemente in Mitleidenschaft gezogen. Im Abschnitt „Bremsanlage warten" sind die notwendigen Hinweise gegeben.

Bremsen machen Geräusche

Ein Quietschen der Bremsen ist zwar unangenehm, aber kein Anlaß zur Beunruhigung. Ursache sind normale Schwingungen an den Elementen der Bremse, die sich aber in Abhängigkeit von der Temperatur der Bremsenelemente wieder verlieren bzw. sich ganz geben. Selbst eine Erneuerung der Bremsbacken oder auch anderer Bremsenteile würde keine Abhilfe schaffen; zumindest nicht für längere Zeit.
Ganz anders ist die Lage, wenn beim Bremsen plötzlich harte metallische Geräusche auftreten. In diesem Falle muß mit dem Defektsein einer Bremsbacke gerechnet werden. Ein Weiterfahren hätte deshalb auch erhebliche Schäden zur Folge. Infolgedessen untersucht man den Schaden mit Hilfe der Hinweise im Abschnitt „Bremsanlage warten" genauer und trifft danach die notwendigen Maßnahmen.

Radbremsen werden zu warm

Im normalen Fahrbetrieb erwärmt sich jede Radbremse infolge der beim Bremsen auftretenden Reibung zwischen Bremsbelag und Bremsscheibe oder -trommel; und zwar die vorderen stärker als die hinteren. Man merkt das, wenn man eine Hand auf die Radfelgen legt. Muß sich der Motor bei ansonsten ruhigem Lauf jedoch plötzlich quälen, um die gewählte Geschwindigkeit des Fahrzeugs aufrecht zu erhalten, besteht der Verdacht, daß die Bremsanlage nicht in Ordnung ist und als Folge davon die Radbremsen schleifen. Ursachen dafür gibt es mehrere.

Haupt- oder Radbremzylinder: Sind alle Räder übermäßig warm und läßt sich das Fahrzeug von Hand gar nicht oder nur schwer schieben, ist mit Sicherheit der Hauptbremszylinder defekt. Es kann zur Kontrolle lediglich das Stößelspiel überprüft und ggf. vergrößert werden (s. Abschn. „Bremspedalweg ist zu gering"). Hilft das nicht, muß die Vertragswerkstatt aufgesucht werden. Nur sie ist in der Lage, den Schaden zu beheben.
Ist nur ein Rad übermäßig warm, ist gewöhnlich der Radbremszylinder fest. Ist das ein Hinterrad, könnte auch der Mechanismus für die Handbremse festgegangen sein, wenn nicht gar das Seil der Handbremse irgendwo klemmt.
Im einfachsten Fall ist nur das Handbremsseil oder ein Radbremszylinder schwergängig. Als Folge liegen die Bremsbacken nach dem Loslassen des Bremspedals oder des Handbremshebels länger als normal an der Bremstrommel an.
Zur Prüfung des letztgenannten Defekts ist eine zweite Person erforderlich. Zuerst wird das Fahrzeug mit dem Wagenheber so weit

angehoben (Sicherheit beachten!), bis sich das betreffende Rad frei drehen kann. Nunmehr betätigt die zweite Person die Fußbremse und läßt dieselbe schnell wieder los. Das Rad muß sich danach sofort frei drehen lassen. Ist das ein Hinterrad, wird zur Sicherheit die gleiche Kontrolle mit der Handbremse durchgeführt. Bringt das keinen Erfolg, kann nur das Auswechseln des betreffenden Schadteiles Abhilfe schaffen.

Stößeleinstellung: Wer bei der Einstellung des Stößelspiels (s. Abschn. „Bremspedalweg ist zu gering") zuviel des Guten getan, d. h. das Spiel zu eng eingestellt hat, muß mit dem gleichen Warmwerden der Radbremsen rechnen, wie in diesem Abschnitt beschrieben. Es hilft in diesem Falle nur, das Stößelspiel exakt einzuregulieren (s. Abschn. „Bremspedalweg ist zu gering").

Bremskraftverstärker: Beim Typ 2103 bzw. 2106 kann auch der Bremskraftverstärker die mögliche Ursache für das Warmwerden der Radbremsen sein. Ist das zu vermuten, muß der Fachmann helfen. Man ruft daher zumindest den Kfz-Hilfsdienst.

Unnormaler Reifenverschleiß

Ganz gleich, ob das Fahrzeug mit Radial- oder Diagonalreifen bestückt ist, jeder Fahrzeughalter sollte bestrebt sein, auch die Reifen richtig zu warten. Dazu gehört, daß die Räder alle 5000 bis 10 000 km unter Einbeziehung des Reserverades nachgewuchtet und danach untereinander nach dem in der Betriebsanleitung enthaltenen Schema (s. Bild 3-37) ausgetauscht werden. Dieser Rädertausch ist aus zwei Gründen wichtig: Einmal ist der Reifenverschleiß auf Grund der Einzelradaufhängung der Räder der Vorderachse, und hier speziell rechts, größer als der Verschleiß der Reifen an den Rädern der Hinterachse. Zum anderen werden sowjetische Original-Diagonalreifen nicht importiert, so daß es letztendlich unzweckmäßig ist, noch ein neues Reserverad mit vollem Profil zu besitzen, wenn die anderen Reifen bereits verbraucht sind.
Wer sein Fahrzeug reifenmäßig neu bestückt, sollte Radialreifen montieren. Für die Typen 2101 und 21011 sind die Dimensionen 155 SR 13 und 165 SR 13 zugelassen, während die Typen 2102, 2103 und 2106 grundsätzlich mit Reifen der Dimension 165 SR 13 bestückt werden müssen.

Störungen an der Beleuchtungs- und Signalanlage

Die elektrische Anlage des WAS muß nicht ein Buch mit sieben Siegeln bleiben. Man kann sich durchaus in ihre Schaltung hineinfinden, wenn man davon ausgeht, daß alle Stromverbraucher bei stehendem Motor von der Batterie und bei laufendem Motor ab einer bestimmten Motordrehzahl von der Lichtmaschine mit Strom versorgt werden. Und wenn man dann noch beachtet, daß jeder Stromverbraucher zwei Leitungen, eine Plus- oder Stromzuführungsleitung und eine Masse- oder Minusleitung benötigt, stellt sich die Störungssuche und -beseitigung sicherlich schon einfacher dar.
Wie in allen anderen Fachabschnitten sind auch in diesem Abschnitt die möglichen Störungsursachen und die Maßnahmen zu ihrer Beseitigung in einer Tabelle (Tab. 4-4) zusammengefaßt. Zu den hierin und im jeweils dazugehörigen Text auftauchenden Klemmenbezeichnungen sei noch gesagt, daß dieselben jeweils an den Aggregaten zu finden sind; meist in negativ, aber auch in positiv geprägter Form.

Ladekontrolleuchte leuchtet ständig

Verlischt die Ladekontrolleuchte nach dem Erreichen einer bestimmten Motordrehzahl nicht, signalisiert uns das einmal eine Störung in der Ladeanlage, zum anderen bedeutet das, daß die Batterie nicht mehr geladen wird. Die Ursachen hierfür sind recht vielfältig. Eine ordnungsgemäße Abhilfe kann nur der Fachmann schaffen. In der Selbsthilfe ist uns jedoch folgendes möglich:

Tabelle 4–4: Mögliche Störungen an der Beleuchungs- und Signalanlage

Erscheinung/Ursache	Abhilfe
Ladekontrolleuchte leuchtet ständig	
Sicherung Nr. 10 defekt	Sicherung Nr. 10 erneuern; s. Abschn. „Störungen an der Beleuchtungs- und Signalanlage"
Spannungsregler defekt	Spannungsregler überprüfen; s. Abschn. „Störungen an der Beleuchtungs- und Signalanlage"
Ladekontrollrelais defekt	Ladekontrollrelais überprüfen; s. Abschn. „Störungen an der Beleuchtungs- und Signalanlage"
Lichtmaschine defekt	Lichtmaschine überprüfen; s. Abschn. „Störungen an der Beleuchtungs- und Signalanlage"
Instrumentenbelechtung ausgefallen	
Glühlampe defekt	Glühlampe erneuern; s. Abschn. „Störungen an der Beleuchtungs- und Signalanlage"
Fahrzeugbeleuchtung, Signalleuchten und Signalhörner ausgefallen	
Stromzuführung unterbrochen	Stromzuführungsleitung kontrollieren; s. Abschn. „Störungen an der Beleuchtungs- und Signalanlage"
Masseleitung unterbrochen	Masseleitung kontrollieren; s. Abschn. „Störungen an der Beleuchtungs- und Signalanlage"
Stromzuführung und Masse unterbrochen	Leitungen kontrollieren; s. Abschn. „Störungen an der Beleuchtungs- und Signalanlage"

Sicherung Nr. 10 und Klemme 15 des Spannungsregelers: Leuchtet die Ladekontrolleuchte ständig, werden Sicherung Nr. 10 und die Leitung von dieser Sicherung bis zum Spannungsregler, Klemme 15, auf Stromdurchgang geprüft. Hierzu wird die Leitung von Klemme 15 des Spannungsreglers gelöst und die Prüflampe zwischen dieser Klemme und der gelösten Leitung geschaltet. Wird nunmehr die Zündung eingeschaltet und leuchtet die Prüflampe, liegt an Klemme 15 des Reglers Spannung an. Sicherung Nr. 10 und Leitungsverbindung bis zum Regler sowie dessen Klemme 15 sind also in Ordnung. Leuchtet sie nicht, ist die Sicherung Nr. 10 bzw. die Verbindungsleitung von dieser Sicherung bis zum Spannungsregler, Klemme 15, defekt. Man kontrolliert die Leitung sorgfältig und behebt ggf. die Leitungsunterbrechung, indem man die Leitungsadern wieder zusammenfügt, den ggf. vorhandenen Masseschluß der Leitung mit Hilfe von Isolierband behebt oder die gelösten Steck- bzw. Klemmverbindungen wieder sicher befestigt.

Klemme 67 des Spannungsreglers: Verlischt die Ladekontrolleuchte bei intakter Sicherung Nr. 10, Verbindungsleitung und Klemme 15 des Spannungsreglers nicht, wird jetzt der Stecker von Klemme 67 des Spannungsreglers abgezogen, hier gleichfalls die Prüflampe zwischengeschaltet und bei eingeschalteter

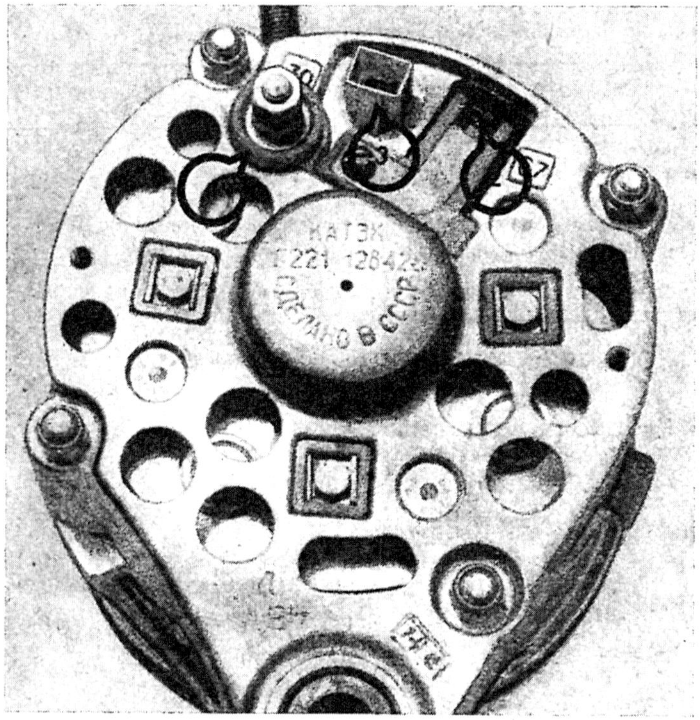

Bild 4-14 Drehstromlichtmaschine;

1 – Klemme 30
2 – Klemme 67
3 – Klemme G (Sternmittelpunkt)

Zündung kontrolliert, ob an Klemme 67 des Reglers Spannung anliegt. Liegt Spannung an (die Prüflampe leuchtet), wird der Fehler weiter in der Zuleitung von Klemme 67 des Spannungsreglers zur Klemme 67 der Lichtmaschine (Bild 4-14) gesucht. Liegt hier Spannung an, ist auch diese Leitungsverbindung in Ordnung. Liegt hier keine Spannung an (Prüflampe leuchtet nicht), ist der Spannungsregler defekt.

Bevor man den Spannungsregler auswechselt – vorausgesetzt, man führt einen eingestellten Ersatzregler mit –, werden bei ausgeschalteter Zündung vorerst einmal die Reglerkontakte kontrolliert. Es bilden sich hier oftmals sogenannte Spitzen, die das Regeln der Spannung beeinflussen oder gar verhindern. Dabei wird häufig auch die Sicherung Nr. 10 zerstört. Hierzu klemmt man das Minuskabel vom Minuspol der Batterie ab, entfernt die Reglerkappe und säubert die Reglerkontakte mit einer dünnen Kontaktfeile. Die Einstellung der Reglerkontakte darf sich hierbei nicht verändern. Wird auch der Spannungsregler als in Ordnung befunden, muß das Kontrollrelais überprüft werden.

Ladekontrollrelais Klemme 85: Zwecks Überprüfung dieser Klemme mittels Prüflampe löst man die hier ankommende Leitung und schaltet zwischen dem Leitungsende und der Klemme 85 des Ladekontrollrelais die Prüflampe. Liegt hier bei eingeschalteter Zündung Spannung an, leuchtet die Prüflampe. Liegt keine Spannung an, bleibt sie dunkel. Das ist dann das Zeichen dafür, daß das Ladekontrollrelais defekt ist und ausgetauscht werden muß.

Verlischt die Ladekontrolleuchte immer noch nicht, wird jetzt die Leitungsverbindung zwischen Klemme 85 des Kontrollrelais und der Klemme G der Lichtmaschine (Sternmittelpunkt) auf Stromdurchgang kontrolliert. Hierzu wird – natürlich bei ausgeschalteter Zündung – die Leitungsverbindung von Klemme G der Lichtmaschine gelöst und zwischen der freigewordenen Klemme G und dem gelösten Leitungsende die Prüflampe gelegt. Leuchtet sie beim Einschalten der Zündung auf, ist auch diese Leitungsverbindung in Ordnung. Leuchtet sie nicht auf, muß der Fehler in der Lichtmaschine vermutet werden. In diesem Falle bleibt uns die Mög-

lichkeit, die Fahrt mit der Batterie – ohne Ladung – zu beenden. Dazu wird das Kabel 67 von der Lichtmaschine abgezogen und isoliert. Das verhindert weitere Schäden.
Vom Ladezustand der Batterie ist es abhängig, wie lange der Strom der Batterie für die Zündung ausreicht. Im günstigsten Fall sind das im Sommer etwa 14 Stunden bei Tagfahrt und 3 Stunden bei Nachtfahrt. Im Winter verringern sich diese Werte auf etwa 10 bzw. 2 Stunden. Jeder unnötig eingeschaltete Verbraucher verkleinert den Aktionsradius.

Instrumentenbeleuchtung ausgefallen

Ist die Instrumentenbeleuchtung insgesamt oder auch nur eine Glühlampe ausgefallen, kontrolliert man zuerst die Sicherung, die diesen Stromkreis schützt. Aus der Betriebsanleitung kann entnommen werden, welche Sicherung das ist. Im angenommenen Fall ist es die Sicherung Nr. 9, also die zweite von rechts.

Typ 2101, 2102 und 21011: An eine defekte Glühlampe kommt man nur nach dem Herausnehmen der Gerätekombination aus der Instrumententafel heran. Dazu löst man zunächst die Blende, die den für das Radio vorgesehenen Ausschnitt verdeckt, mit einem spitzen Gegenstand. Nunmehr drückt man die rechte Halteklammer der Gerätekombination (Bild 4-15) durch den Radioausschnitt hindurch zur Seite, dabei die Gerätekombination nach außen und nimmt dieselbe heraus. Jetzt sind die Glühlampen zugänglich. Sie lassen sich nun leicht (durch Drehen) aus ihren Fassungen herausnehmen. Aber Vorsicht, die Leiterplatte der Gerätekombination darf bei der Montagearbeit keinesfalls beschädigt werden! Ebenso ist bei der Montage der Gerätekombination darauf zu achten, daß die Tachowelle nicht gestaucht wird.

Typ 2103/2106: Wesentlich einfacher lassen sich die Rundinstrumente des WAS 2103/06 demontieren, werden sie doch nur mit Hilfe von Klemmstücken und Ründelmuttern in der Instrumententafel gehalten (Bild 4-16). Nach Lösen der Rändelmuttern lassen sie sich mühelos nach vorn herausnehmen.

Bild 4-15
Gerätekombination (Rückseite); Pfeile = Haltefedern

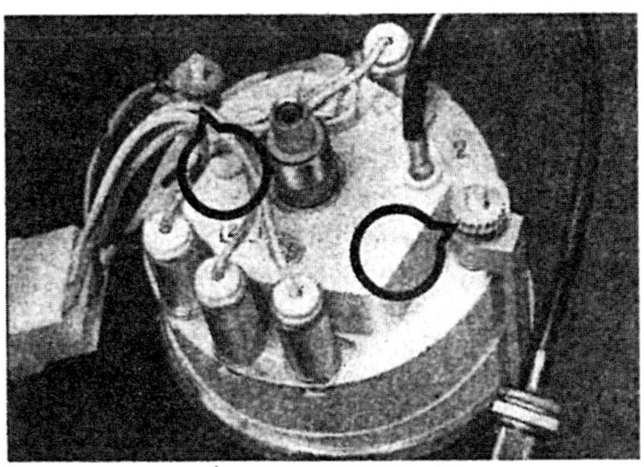

Bild 4-16 Rundinstrument, hier der Tachometer des WAS 2103 bzw. 2106; Pfeile = Halteklammern mit Rändelmuttern

Fahrzeugbeleuchtung, Signalleuchten und Signalhörner ausgefallen

Für die Beseitigung von Störung an der Fahrzeugbeleuchtung sowie an den Signalleuchten gilt sinngemäß das, was im vorstehenden Abschnitt zu Anfang gesagt worden ist: Zunächst Kontrolle der Sicherung, die den betreffenden Stromkreis schützt! Stellt sich hierbei heraus, daß die Sicherung intakt ist, ist gewöhnlich die Glühlampe ausgefallen. Ist dieselbe ersetzt und auch die neue Glühlampe leuchtet beim Betätigen des für sie zuständigen Schalters nicht, kann nur die zu ihr führende Stromzuleitung (Plus) oder ihre Verbindung zur Masse (Minus) unterbrochen sein; bei älteren Fahrzeugen infolge Oxydation des Lampensockels oder der Kontaktzunge schon oft vorgekommen. In einem solchen Falle – das gilt für alle Leuchten – machen wir folgendes:

Stromzuführungsleitung (Plus) **unterbrochen:** An der Fassung der defekten Leuchte wird das stromzuführende Kabel (Plus) abgezogen, hier die eine Klemme der Prüflampe angeschaltet und die andere Klemme der Prüflampe gegen Masse (Minus) gehalten. Jetzt wird der betreffende Stromkreis eingeschaltet. Leuchtet die Prüflampe nicht auf, ist das stromzuführende Kabel, vorausgesetzt die Sicherung ist in Ordnung, unterbrochen. Man behebt den Schaden oder legt eine provisorische Leitung von der Stromquelle bis zum Verbraucher. Leuchtet die Prüflampe beim Einschalten des Stromkreises auf, ist die Masseleitung (Minus) nicht intakt.

Masseleitung (Minus) **unterbrochen:** Die Masseverbindung wird entweder durch die Befestigung des Leuchtenkörpers oder durch eine gesonderte Masseverbindung (Kabel) hergestellt. Lose Schraubverbindungen oder Oxydation an den Klemmen sind meist die Gründe für eine unterbrochene Masseverbindung. Durch Reinigung und ordnungsgemäße Befestigung läßt sich der Schaden beheben.

Signalhörner ausgefallen: Bei einer längeren Nutzung des Fahrzeugs kann sich sowohl der Klang verändern als auch das Signalhorn ganz ausfallen. Durch ein vorsichtiges Drehen der Einstellschraube am Signalhorn läßt sich der gewünschte Klang in der Regel wieder herstellen. Bei einem völligen Ausfall des Signalhorns müssen jedoch das stromführende Kabel und das Massekabel, wie vorstehend schon beschrieben, überprüft werden. Liegt an keinem Anschluß Spannung an, ist die Stromzuführungsleitung unterbrochen. Liegt Spannung an, ist das Horn defekt und muß ausgewechselt werden.

Blinkanlage ausgefallen

Sind Kabelverbindungen und Glühlampen überprüft und für in Ordnung befunden worden und funktioniert die Blinkanlage dennoch nicht, kann nur der Blinkgeber defekt sein. Er ist nach Herausnehmen der Gerätekombination zugänglich und muß durch einen neuen Blinkgeber ersetzt werden. An Stelle des defekten Blinkgebers läßt sich außer dem Originalblinkgeber auch der Blinkgeber aus der DDR-Produktion mit der Typenbezeichnung AKA 8582.17 (12 V, 2 (4) × 21 W) einsetzen. In diesem Falle ist beim WAS 2106 folgendes zu beachten:

1. Aus dem Steckverbinder werden die Zuleitungen schwarz, violett und blau/weiß herausgenommen (die Haltenasen des Flachsteckers lassen sich mit einem Madenschraubendreher entsprechend aufbiegen)
2. Die Zuleitungen braun und weiß/schwarz verbleiben im Steckverbinder; sie werden nicht benötigt
3. Am neuen Blinkgeber AKA 8582-17 werden die abgenommenen Zuleitungen wie folgt aufgesteckt:
   – schwarz an Klemme 49
   – violett (2 ×) an Klemme 49 a
   – blau/weiß an Klemme C
   Damit ist der Schaden behoben.

Nützliche Ergänzungen

Eine Ergänzung der serienmäßigen Beleuchtung des WAS mit nützlichen Zusatzleuchten ist zwecks Erhöhung der Verkehrssicherheit sinnvoll. Es ist hierbei vor allem an die Nachrüstung mit zwei Nebelscheinwerfern und einer Nebelschlußleuchte gedacht, wobei sich für die einzelnen WAS-Typen folgende Zusatzleuchten empfehlen:

WAS 2101/2102
2 Zusatzfernlichtscheinwerfer
2 Nebelscheinwerfer
1 Nebelschlußleuchte

WAS 21011
2 Zusatzfernlichtscheinwerfer
2 Nebelscheinwerfer
1 Nebelschlußleuchte

WAS 2103/2106
2 Nebelscheinwerfer
1 Nebelschlußleuchte

Wer Anbau und elektrische Schaltung der Zusatzleuchten selbst vornimmt, muß hierbei folgendes beachten:

- Die zusätzlichen Kabel entsprechenden Querschnitts sind ordentlich und übersichtlich zu verlegen; am besten entlang der vorhandenen Kabelstränge und in gesonderten Isolierschläuchen
- Die Kabelenden sind sauber abzuisolieren und zu verzinnen
- Die Kabelstecker sind an den Kabeln möglichst mit Hilfe einer Spezialzange anzubringen, andernfalls zusätzlich anzulöten; die Kabelenden sind mit Isolierschlauch zu überziehen
- Alle zusätzlichen Verbraucher sind getrennt abzusichern; die zusätzlichen Sicherungen (Sicherungsdose) installiert man am besten an der Motorraumwand
- Beim Anbau der Zusatzleuchten, Relais, Schalter und Sicherungsdosen ist auf festen Sitz zu achten
- Alle Zusatzleuchten, Schalter und Kontrolleuchten sind übersichtlich anzubauen; am besten auf einer kleinen zusätzlichen Instrumententafel, die in die Radiokonsole integriert bzw. beim WAS 2101, 2102 und 21011 links neben der Lenksäule und beim WAS 2103 rechts neben der Lenksäule angebracht wird

Zusatz-Fernlichtscheinwerfer

Nach der Ausnahmegenehmigung Nr. 34/66 zu § 58 StVZO können Kraftfahrzeuge mit zwei zusätzlichen Scheinwerfern ausgerüstet sein, wenn die hierfür festgelegten Bedingungen eingehalten werden. Im einzelnen sind das folgende:

- Die Scheinwerfer müssen in gleicher Höhe und in gleichem Abstand von der Fahrzeugmitte angebracht sein. Der tiefste Punkt der Lichtaustrittöffnungen darf nicht höher als 100 cm und nicht tiefer als 60 cm über der Fahrbahn liegen. Die Scheinwerfer müssen einstellbar und so befestigt sein, daß kein unbeabsichtigtes Verstellen eintreten kann. Ferner muß die Einschaltung des Fernlichts durch eine blauleuchtende Lampe im Blickfeld des Fahrers angezeigt werden.
- Die Fernlichtscheinwerfer müssen sich insgesamt oder paarweise einschalten lassen.
- Beim Umschalten von Abblendlicht auf Fernlicht muß mindestens ein Paar Fernlichtscheinwerfer in Funktion treten.
- Beim Umschalten von Fernlicht auf Abblendlicht müssen alle Fernlichtscheinwerfer gleichzeitig ausgeschaltet werden; es dürfen nur zwei Scheinwerfer mit Abblendlicht leuchten.
- Die äußeren Ränder der leuchtenden Flächen der Fernlichtscheinwerfer dürfen in keinem Fall näher zur breitesten Stelle des Fahrzeugs liegen als die äußeren Ränder der

leuchtenden Flächen der Scheinwerfer für Abblendlicht.

Für das Einstellen der Zusatz-Fernlichtscheinwerfer gelten im Prinzip die gleichen Einstellvorschriften wie für das Einstellen der Hauptscheinwerfer. Im Abschnitt „Scheinwerfer einstellen" ist das beschrieben. Hinzu kommt bei den Zusatzscheinwerfern, daß die Auftreffpunkte ihrer Leuchtkegel in 10 m Entfernung um 10 cm niedriger liegen müssen als die der Hauptscheinwerfer.

Anbau und elektrische Schaltung: Die Zusatz-Fernlichtscheinwerfer werden am besten mit Hilfe eines speziellen Bügels, der mit seinem dritten Punkt am Frontmittelteil angelenkt ist (um das Mindestmaß von 60 cm zur Fahrbahn einhalten zu können), stehend auf der Stoßstange befestigt, nach Bild 5-1 elektrisch geschaltet und so eingestellt, wie das im Abschnitt „Scheinwerfer einstellen" beschrieben ist.

Zweckmäßig ist es, die Zusatz-Fernlichtscheinwerfer über ein Relais zu schalten. Dieses Relais ist möglichst nahe an die Scheinwerfer heranzubringen. Man baut es daher zweckmäßigerweise im Motorraum ein.

Nebelscheinwerfer

Zwei Nebelscheinwerfer sind vorteilhafter als ein Nebelscheinwerfer, dürfen doch zwei Nebelscheinwerfer, wenn sie in gleicher Höhe und in gleichem Abstand von der Fahrzeugmitte angebracht sind, nach § 60 StVZO gemeinsam mit den Stand- bzw. Begrenzungsleuchten des Fahrzeugs benutzt werden. Das verhindert, daß das Abblendlicht – dasselbe ist ja ausgeschaltet – die so gefürchtete Nebelwand vor dem Fahrzeug aufbaut. Dennoch sind auch beim Anbau von zwei Nebelscheinwerfern ganz bestimmte Bedingungen einzuhalten. Im einzelnen sind das folgende:

- Die Lichtaustrittsöffnungen der Nebelscheinwerfer dürfen nicht höher als die Lichtaustrittsöffnungen der serienmäßig am Fahrzeug vorhandenen Hauptscheinwerfer liegen.
- Paarweise in gleicher Höhe und in gleichem

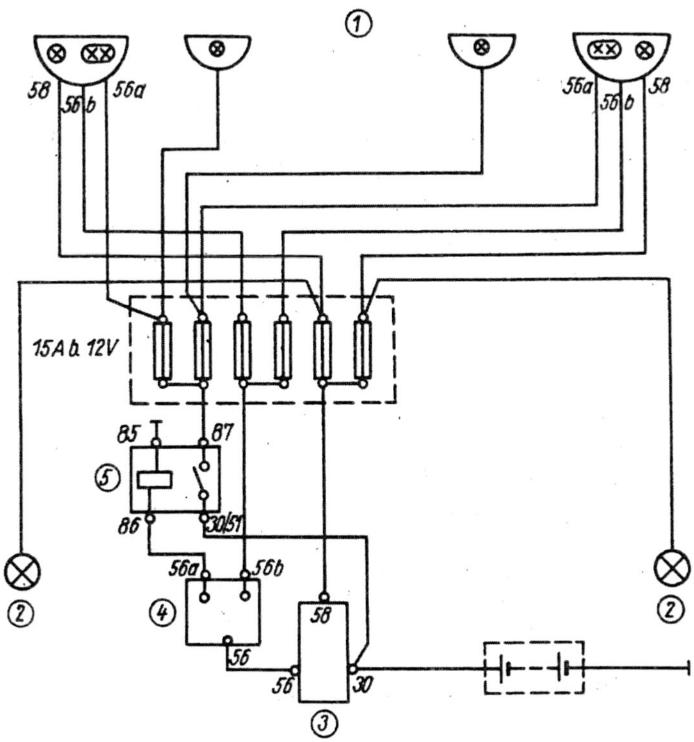

Bild 5-1
Elektrische Schaltung der Zusatz-Fernlichtscheinwerfer;
1 – Zusatzscheinwerfer,
2 – Schlußleuchten,
3 – Licht-/Zündschalter,
4 – Abblendschalter,
5 – Relais

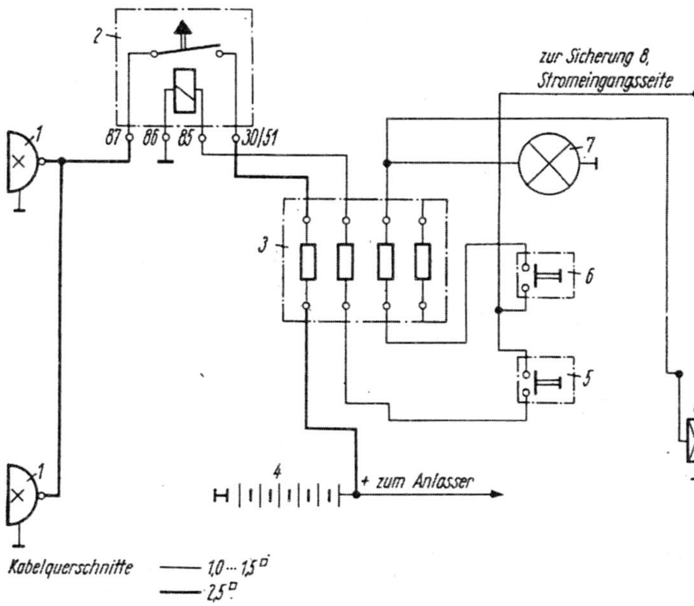

Bild 5-2
Schaltschema für Nebelscheinwerfer und Nebelschlußleuchte;
1 – Nebelscheinwerfer,
2 – Relais,
3 – Sicherungsdose,
4 – Batterie,
5 – Schalter für Nebelscheinwerfer,
6 – Schalter für Nebelschlußleuchte,
7 – Kontrolleuchte,
8 – Nebelschlußleuchte; nach /5/

Abstand von der Fahrzeugmitte angebrachte Nebelscheinwerfer können zusammen mit den Stand- bzw. Begrenzungsleuchten geschaltet werden, wenn der Abstand zwischen der Außenkante des Fahrzeugs bis zum Rand der Lichtaustrittsöffnungen nicht mehr als 40 cm beträgt. Dabei darf der höchste Punkt nicht höher als 75 cm und der tiefste Punkt nicht tiefer als 25 cm über der Fahrbahn liegen.

– Die Nebelscheinwerfer sind so zu befestigen, daß kein unbeabsichtigtes Verstellen eintreten kann.

Für das Einstellen der Nebelscheinwerfer gilt sinngemäß alles das, was für das Einstellen der Hauptscheinwerfer festgestellt und im Abschnitt „Scheinwerfer einstellen" beschrieben worden ist. Der einzige Unterschied: Die Hell-Dunkel-Grenzen der Nebelscheinwerfer müssen sich auf der Einstellwand bei X + 10 cm markieren. Das heißt, sie müssen um 10 cm tiefer liegen als die der Hauptscheinwerfer.

Anbau und elektrische Schaltung: Angebaut werden die Nebelscheinwerfer, wenn es sich um zwei Nebelscheinwerfer handelt, bei allen WAS-Typen zweckmäßigerweise hängend unterhalb der Stoßstange nach den Anbauvorschriften des Leuchtenherstellers. Das ergibt die beste Wirksamkeit, unterwandern ihre Lichtkegel doch so die meist nicht bis zur Fahrbahn reichende Nebelwand.

Elektrisch geschaltet werden die zwei Nebelscheinwerfer nach Bild 5-2. Hierbei ist es notwendig, dieselben über ein Relais zu schalten. Dieses Relais wird möglichst im Motorraum angebaut, und die notwendigen Kabelverbindungen vom Schalter bis zum Relais sowie vom Relais bis zu den Nebelscheinwerfern führt man weitgehendst mit dem serienmäßigen Kabelstrang mit. Der Einbau eines Relais ist deshalb notwendig, um mit einem geringeren Kabelquerschnitt auszukommen bzw. den Schalter infolge der hohen Stromaufnahme der Nebelscheinwerfer nicht zu überlasten.

Nebelschlußleuchten

Die Ausnahmegenehmigung Nr. 8/71 zu § 61 StVZO regelt Anbau und Benutzung von Nebelschlußleuchten. Im einzelnen ist hier folgendes festgelegt:

– Beim Anbau von zwei Nebelschlußleuchten

müssen dieselben in gleicher Höhe und in gleichem Abstand von der Fahrzeugmitte angebracht sein. Der Abstand zwischen den Leuchten muß mindestens 60 cm betragen.
- Wird nur eine Nebelschlußleuchte angebracht, ist dieselbe an der linken Seite des Fahrzeugs zu montieren, und zwar so, daß der Höhenabstand von der Fahrbahn nicht mehr als 80 cm beträgt und der Abstand von der linken Bremsleuchte 10 cm nicht unterschreitet; immer bezogen auf den inneren bzw. unteren Rand der wirksamen Flächen.
- Die elektrische Schaltung der Nebelschlußleuchten muß so erfolgen, daß dieselben über einen getrennten Schalter wahlweise in Verbindung mit dem Fernlicht, dem Abblendlicht oder den Nebelscheinwerfern eingeschaltet werden können. Die Inbetriebnahme der Nebelschlußleuchten muß dem Fahrzeugführer durch eine Kontrolleuchte angezeigt werden.
- Die Nebelschlußleuchten dürfen nur bei Nebel oder Schneefall und bei einer Sichtweite von weniger als 50 m eingeschaltet werden.
- Einzustellen sind die Nebelschlußleuchten so, daß ihre Lichtaustrittsflächen senkrecht zur Fahrzeugmittelachse und zur Fahrbahn stehen.

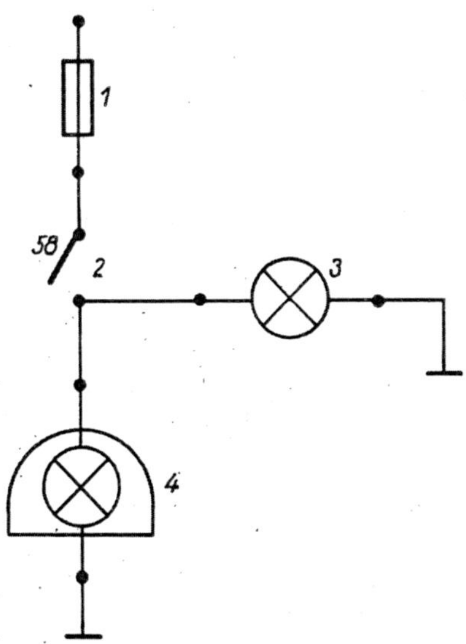

Bild 5-3 Schaltschema für eine Nebelschlußleuchte; 1 – Sicherung, 2 – Schalter, 3 – Kontrolleuchte, 4 – Nebelschlußleuchte; nach /5/

Anbau und elektrische Schaltung: Angebaut wird die Nebelschlußleuchte – für Pkw reicht eine Nebelschlußleuchte aus – hängend unterhalb der Stoßstange. Dabei ist das rote Deckglas so zu drehen, daß die Entlüftungsöffnung nach unten zeigt.
Elektrisch geschaltet wird die Nebelschlußleuchte so, wie im Bild 5-3 gezeigt. Erklärend hinzugefügt sei, daß die Stromzuführungsleitung von Sicherung Nr. 8 abgenommen, über den zusätzlich zu installierenden Schalter mit Kontrolleuchte geführt und von hier aus im Fahrzeuginnern neben dem dort bereits verlaufenden Kabelstrang zum Kofferraum und von hier aus nach dem Bohren eines Loches durch dieses Loch hindurch zur Nebelschlußleuchte verlegt wird. Mit einer Gummitülle wird das Kabel an der Durchführungsstelle geschützt.

Rückfahrscheinwerfer

Die WAS-Typen 21011, 2103 und 2106 sind seit jeher serienmäßig mit Rückfahrscheinwerfern ausgestattet. Seit 1978 ist das auch bei den Typen 2101 und 2102 der Fall. Ein nachträglicher analoger Anbau des Schalters für die Rückfahrscheinwerfer bei den älteren WAS 2101 bzw. beim WAS 2102 ist im Prinzip zwar möglich, würde aber durch das Bohren eines Loches und das Hineinschneiden eines Gewindes in das Getriebegehäuse zu aufwendig. Es bietet sich hierfür folgende einfachere Variante an:
Es wird im Fachhandel ein geeigneter Nachlaßschalter erworben, für diesen Schalter ein entsprechender Anbauwinkel gebaut, in diesen Anbauwinkel der Schalter eingelassen und Anbauwinkel mit Schalter am Getriebetunnel befestigt. Beim Einlegen des Rückwärtsganges wird der Schalter durch die Schalthebelverlängerung betätigt und somit der Stromfluß zum Rückfahrscheinwerfer ermöglicht.

Anbau und elektrische Schaltung: Angebaut wird der handelsübliche Rückfahrscheinwerfer hinten rechts hängend an der Stoßstange. Er wird hierbei so geneigt, daß sein Lichtkegel die Fahrbahn auf höchstens 10 m hinter dem Fahrzeug ausleuchtet. Ferner hat sein Anbau

so zu erfolgen, daß er nur bei eingelegtem Rückwärtsgang leuchten kann. Das ist möglich durch das entsprechende Justieren seines Schalters.
Elektrisch schalten läßt sich der Rückfahrscheinwerfer relativ einfach. Das stromzuführende Kabel wird von der Sicherung Nr. 7 zum Schalter und von hier aus zum Rückfahrscheinwerfer geführt. Seine Masse bekommt der Rückfahrscheinwerfer über ein zusätzlich angebrachtes Massekabel.

Anhängerzugvorrichtung

Der Anbau der Anhängerzugvorrichtung ist relativ aufwendig. Man überläßt das deshalb besser der Vertragswerkstatt. Wer sich aber dennoch an diese Arbeit heranwagt, studiert vorab recht sorgfältig die Anbauanleitung, legt bzw. hält die einzelnen Teile der Zugvorrichtung zunächst einmal provisorisch an die für die Befestigung infrage kommenden Stellen und beginnt erst danach mit dem Anreißen bzw. Bohren der notwendigen Löcher.

WAS 2101 und 21011: Bei der Montage der Zugvorrichtung ist es notwendig, die Bodenmatte aus dem Kofferraum herauszunehmen. Nunmehr wird die mitgelieferte Verstärkungsschiene so in den Kofferaum eingelegt, daß sie über dem hinteren Kastenträger zu liegen kommt und werden genau zwischen den hier vorhandenen Stanzlöchern zwei Bohrungen 10,5 mm im hinteren Kastenträger angebracht. Ist das geschehen, wird die Bremsleitung von der Bodengruppe vorsichtig etwas weggebogen. Das verhindert das evtl. Scheuern der Bremsleitung an der Zugvorrichtung. Jetzt wird die Zugvorrichtung an die Bodengruppe angehalten und ausgerichtet und werden vom Kofferraum aus durch die zwei bereits gebohrten Löcher hindurch die in der Anschlußplatte notwendigen zwei Bohrungen 10,5 mm angerissen und ausgeführt. Nunmehr wird die Zugvorrichtung mit den mitgelieferten zwei Schrauben M 10 × 90 unter Verwendung der gleichfalls mitgelieferten Verstärkungsschiene und der Distanzhülsen am Kastenträger befestigt. Fortgesetzt wird die Montage im Kofferraum. Hier wird die innere Beilage der Zugvorrichtung (Stützblech) am Verstärkungsprofil der Heckwand so auf Mitte ausgerichtet, daß sie mit der Oberkante des Verstärkungsprofils abschließt und werden die vier Löcher 10,5 mm angerissen. Gebohrt werden dieselben vom Kofferraum aus. Sind schließlich auch diese vier Schrauben M 10 × 70 mm unter Verwendung der Distanzhülsen eingesetzt, ist die Montagearbeit beendet.

WAS 2102, 2103, 2106: Die Montage der Anhängerzugvorrichtungen bei diesen WAS-Typen erfolgt analog der Arbeit an den beiden erstgenannten WAS-Typen. Zur Montage muß jedoch die hintere Stoßstange abgebaut werden. Ferner sind beim Typ 2102 die Bohrungen im hinteren Kastenträger, und zwar von der Oberkante aus gesehen, um 35 mm tiefer anzubringen. Bei der Fertigmontage ist bei allen drei Typen die mitgelieferte Gummibeilage zwischen Klemmschelle und Zugrohr einzulegen.

Montage und Anschluß der Steckdose: Für die Montage der Steckdose – es wird eine siebenpolige Dose benötigt – sind an der Zugvorrichtung die notwendigen drei Bohrungen bereits vorhanden. Ihren Anschluß an das Bordnetz des Fahrzeugs kann man entweder vom Kabelsatz oder auch von den Heckleuchten aus vornehmen. Das gilt jedoch nur für die Heckleuchten (zweimal Klemme 58) und die Schlußleuchten (einmal Klemme 54). Im Bild 5-4 ist das Schaltschema gezeigt. In beiden Fällen sind die Anschlüsse unbedingt zu verlöten und wieder zu isolieren. Ferner sind beim Abnehmen der Spannung von den Anschlüssen der Heckleuchten neue Flachstecker zu montieren. Und dazu baut man die Heckleuchten am besten aus.
Der Anschluß der Steckdose und damit der Blinkleuchten des Anhängers an das Bordnetz des Zugfahrzeugs ist auf diese einfache Art nicht möglich. Hierzu muß einiges mehr geschehen. Im einzelnen ist es folgendes: Die Funktion der Blinkleuchten des Anhängers muß nach § 62 StVZO vom Zugfahrzeug aus kontrolliert werden können. Und das ist nur mit Hilfe von zwei zusätzlichen Kontrolleuchten möglich. Diese Leuchten verkraftet aber nicht der in jedem WAS-Typ installierte Ein-

kreisblinkgeber. Infolgedessen ist es notwendig, ihn durch zwei Zweikreisblinkgeber zu ersetzen. Für deren elektrische Schaltung gibt es aber mehrere Varianten. Wir empfehlen die folgende:
Kombiinstrument bzw. Instrumententafel beim WAS 2103 sowie 2106 werden ausgebaut. Der nunmehr zugängliche Einkreisblinkgeber wird gegen zwei Zweikreisblinkgeber 12 V, 2 × 21 W und 12 V, 1 × 21 W ausgetauscht. Jetzt wird die Lenksäulenverkleidung abgenommen und werden die beiden neuen Blinkgeber an die Stelle des alten Blinkgebers montiert und am Blinkschalter angeschlossen. Die Zuleitung Nr. 9 verbleibt hierbei am Schalter. Die beiden anderen Kabel werden auf die Klemmen 49a der beiden neuen Blinkgeber gelegt. Zusätzlich werden vom Blinkschalter zwei neue Kabel (ein Kabel für die rechte, ein Kabel für die linke Seite) zu den Klemmen 49 der Blinkgeber gezogen. Schließlich werden noch die Klemmen C 1 der beiden Blinkgeber miteinander verbunden und wird hier die Leitung der normalen Blinker-Kontrolleuchte des Zugfahrzeugs mit angeklemmt. Von den Klemmen C 2 werden nun jeweils die Kabel einmal zur Steckdose und zum anderen über die beiden zusätzlichen Kontrolleuchten zum Blinkschalter geführt. Abschließend wird an die Klemme 31 der Steckdose noch die Masseleitung, die mit einer der Halteschrauben der Steckdose verbunden wird, gelegt und fertig ist der Anschluß der Steckdose.
Die beiden Kontrolleuchten für die Blinkleuchten des Anhängers bringt man so an, daß sie gut im Blickfeld des Fahrers liegen. Möglich ist das beispielsweise in der Radioblende bzw. beim WAS 2103 sowie 2106 in der Mittelkonsole. Besonders aufmerksam gemacht sei jedoch darauf, daß sich bei dieser Schaltung keine Warnblinkanlage installieren läßt.

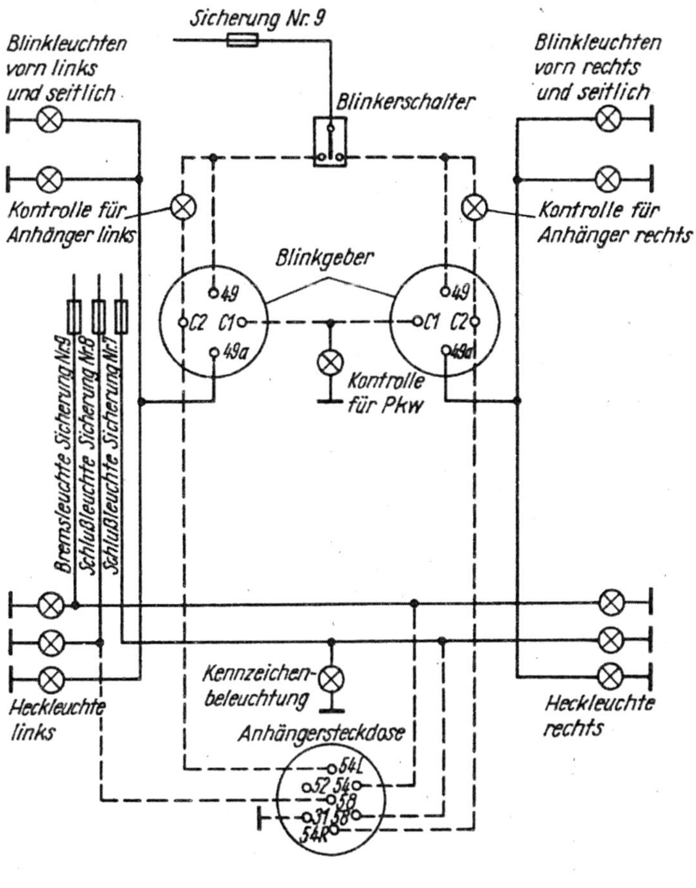

Bild 5-4
Schaltschema für Steckdose und Blinkgeber bei Anhängerbetrieb; die gestrichelt gezeichneten Kabel sind neu zu verlegen

Anlage 1

Technische Daten, Kontroll- und Einstellwerte
(Die jeweils auf Mitte stehenden Werte gelten für alle fünf Fahrzeugtypen)

Gegenstand	Typ 2101	2102	21011	2103	2106
Motor					
Zylinderbohrung (mm)	76	76	79	76	79
Kolbenhub (mm)	66	66	66	80	80
Hubraum (cm^3)	1 198	1 198	1 294	1 452	1 568
Verdichtungsverhältnis bei Zylinderkopf-Guß-Nr. 2101	8,8	8,8	8,8	8,8	—
bei Zylinderkopf-Guß-Nr. 21011	8,5	8,5	8,5	8,5	8,5
Höchstleistung (kW/PS)	44/60	44/60	51/69	54/75	59/80
bei Drehzahl (U/min)	5 600	5 600	5 600	5 600	5 600
max. Drehmoment (Nm/kpm)	89/8,9	89/8,9	96/9,6	108/10,8	125/12,5
bei Drehzahl (U/min)	3 400	3 400	3 400	3 500	3 500
Einlaßventile öffnen			12° vor OT		
schließen			40° nach UT		
Auslaßventile öffnen			42° vor UT		
schließen			10° nach OT		
Ventilspiel (mm) bei kaltem Motor			0,15		
Öldruck (kPa/kp/cm^2) maximal			350...450/3,5...4,5		
bei Motor-Leerlauf			20... 60/0,2...0,6		
Keilriemen			10 × 8 × 944		
Anzugsdrehmomente (Nm/kpm)					
Zylinderkopfschrauben M 12 × 1,25			115/11,5		
M 8 × 1,25			38/3,8		
Stiftschrauben Nockenwellengehäuse			22/2,2		
Halteschrauben Kettenrad/Nockenwelle			49/4,9		
Halteschrauben der Lichtmaschine			70/7,0		
Vergaser					
Düsenbestückung			s. 4. Umschlagseite		
Schwimmerstand			s. Abschn. „Vergaser"		

Gegenstand	Typ 2101	2102	21011	2103	2106
Kupplung					
Kupplungsbeläge (mm)					
Außendurchmesser			200		
Innendurchmesser			142		130
Pedalspiel (mm)			30		
Wechselgetriebe					
Übersetzung 1. Gang			3,75		3,242
2. Gang			2,30		1,989
3. Gang			1,49		1,289
4. Gang			direkt		direkt
Rückw.			3,87		3,340
Hinterachse					
Übersetzung	10/43	9/43	10/43	10/41	
Lenkung					
Übersetzung			1:16,4		
Spiel am Lenkrad max.			5°		
Vorderradaufhängung					
Radsturz			0° 05′ ± 15′		
Spreizung			6° 30′		
Nachlauf			3° 30′ ± 30′		
Vorspur (mm)					
bis Fgst.-Nr. 170573			9 ± 1		
ab Fgst.-Nr. 170574			4 ± 1		
Bremsen					
Scheibendurchm. (mm)			252,7		
Scheibendicke (mm)					
Nennmaß			10		
Kleinstmaß			9,5		
Bremsbelag (mm)					
Nennmaß			11,0		
Kleinstmaß			1,5		
Trommelinnendurchm. (mm)			250,5		
Größtm. n. Ausdr.			251,0		
Verschl.-Größtmaß			251,6		
Bremsbelag (mm)					
Nennmaß			4,5 ... 5,0		
Kleinstmaß			2,0		

Gegenstand	Typ 2101	2102	21011	2103	2106
Räder/Reifen					
Felgen	41/2J × 13	5J × 13	41/2J × 13	5J × 13	5J × 13
Reifentyp werks.	Diagonal	Diag./Rad.	Diagonal	Radial	Radial
Reifengröße werks.	6,15–13	165–13P	6,15–13	165–13P	165–13P
Innendruck (kPa/kp/cm²)					
vorn	170/1,7	160/1,6	170/1,7	170/1,7	170/1,7
hinten	180/1,8	220/2,2*	180/1,8	180/1,8	180/1,8
Reifengröße beim Nachrüsten (DDR-Reifen)	155SR13/	—	155SR13/	165SR13	165SR13
	165SR13	165SR13	165SR13	—	—
Innendruck (kPa/kp/cm²)					
vorn 155 SR 13	170/1,7	—	170/1,7	—	—
165 SR 13	160/1,6	160/1,6	160/1,6	170/1,7	170/1,7
hinten 155 SR 13	200/2,0	—	200/2,0	—	—
165 SR 13	190/1,9	220/2,2	190/1,9	180/1,8	180/1,8

Anzugsdrehmomente (Nm/kpm)

Wechselgetriebe u. Kupplung am Motor	85/8,5
Kupplung am Flansch des Wechselgetriebes u. am Gelenkwellenflansch	69/6,9
Getriebegehäuse am Hinterachskörper	42/4,2
Räder	70/7,0
Querträger an der vord. Aufhängung am Kar.-Holm	95/9,5
Querträger am Rahmenholm	80/8,0
Untere Querlenkerachse vorn	80/8,0
Achse d. unt. Querlenkers vorn	100/10,0
Achse d. ob. Querlenkers vorn	90/9,0
Hinterachsstreben	80/8,0
Ob. Längsstreben der Hinterachse	80/8,0
Kegelbolzen d. Lenkspurstangen	100/10,0
Lenkrad	50/5,0
Lenkstockhebel	240/24,0
Pendelhebelachse	100/10,0

* bei über 320 kg Nutzmasse

Gegenstand	Typ				
	2101	2102	21011	2103	2106
Elektrische Anlage					
Batterie					
Nennspannung (V)			12		
Nennkapazität (Ah)			55		
Lichtmaschine					
Leistung (W)			500		
Drehzahl, bei der 12 V erreicht werden (U/min)			1 000 ± 50		
Ladestrom auf Batterie bei 14 V u. 5000 U/min (A)			42		
Höchstdrehzahl (U/min)					
bei Dauerbetrieb			13 000		
bei Kurzbetr. (max. 15 Min.)			15 000		
Widerstand d. Erregerw. (Ω)					
zwischen 2 Schleifr.			4,5 ± 0,1		
zwischen Klemme 67 u. Masse bei 500 U/min			$4{,}6^{+0{,}2}_{-0{,}1}$		
Übersetzung Motor/Lichtmaschine			1:2,04		
Spannungsregler					
Drehzahl der LM für Kontr. u. Regelung (U/min)			5 000		
Betriebskapazität (Ah)			40 ... 55		
Stromstärke (A)					
bei stat. Temperatur			7		
bei Kontr. d. 2. Stufe			2 ... 12		
bei Kontr. d. 1. Stufe			25 ... 35		
Regelspannung der 2. Stufe (V)			14,2 ± 0,3		
Regelspannung der 1. Stufe (V)			um 0,2 ... 0,7 V niedriger als bei der 2. Stufe		
Widerstand zw. Klemme 15 und Masse (Ω)			27 ± 2		
Widerstand zw. Klemme 15 u. 67 bei off. Kont. (Ω)			5,65 ± 0,3		
Luftspalt zwischen Anker und Kern (mm)			1,5 ... 1,6		
Kontaktabstand d. 2. St. (mm)			0,44 ± 0,1		
Ladekontrollrelais					
Kontaktöffnungssp. (V)			5,5 ± 0,2		
Kontaktschließsp. (V)			3,5 ± 0,5		
Anlasser					
Nennspannung (V)			12		
Nennleistung (kW)			1,3		

Gegenstand	Typ 2101	2102	21011	2103	2106
Zündverteiler					
Vorzündungswinkel			5°...7°		
Voreilwinkel Handreglg.			±5°		
Voreilwinkel Fliehkraftverstellung			30°		
Kontaktabstand (mm)			0,40 ± 0,03		
Schließwinkel (°)			55 ± 3		
Öffnungswinkel (°)			35 ± 3		
Zündkerzen (DDR)					
Elektrodenabstand (mm)			0,5...0,6		
Kontrolleuchten					
Öldruckanzeige schaltet ab bei einem Öldruck von kPa/kp/cm²			40...80/0,4...0,8		
Ladekontrolle schaltet ab bei U/min; Batterieladung beginnt			490 ± 25		
Kraftstoffkontrolle schaltet ein bei einem Vorrat von (l)			4...6,5 (5...7,5 beim 2103)		
Maße und Massen					
Länge (mm)	4073	4069	4043	4116	4090
Breite (mm)	1611	1611	1611	1611	1611
Höhe (mm)	1382	1400	1440	1388	1380
Radstand (mm)	2424	2424	2424	2424	2424
Bodenfreiheit (mm)	170	170	170	170	170
Spurweite (mm)					
vorn	1345	1349	1349	1365	1365
hinten	1304	1305	1305	1321	1321
Leermasse ges. kg)	980	1010	955	1020	1050
Vorderachse (kg)	530	515	515	555	567
Hinterachse (kg)	450	495	440	465	483
Nutzmasse* (kg)	375	430	400	400	400
zul. Gesamtmasse (kg)	1355	1440	1355	1430	1450
zul. Anhängermasse (kg)					
ungebremst	500	500	500	550	550
gebremst	600	600	800	800	800
zul. Dachlast (kg)	50	50	50	50	50
X-Wert für Scheinwerfereinstellung (X = cm)	25	27	25	25	25

* entspricht 5 Personen mit Gepäck

Gegenstand	Typ 2101	2102	21011	2103	2106
Füllmengen (l)					
Kraftstoffbehälter	39	45	39	39	39
Kühl-/Heizanlage	9,6	9,6	9,6	9,6	9,6
Motor (Mot.-Öl MV 244)	3,75	3,75	3,75	3,75	3,75
Kupplungsbetätigung (Bremsflüssigkeit)	0,2	0,2	0,2	0,2	0,2
Wechselgetriebe (Getriebeöl GH 125)	1,35	1,35	1,35	1,35	1,35
Hinterachse (Getriebeöl GH 125)	1,5	1,5	1,5	1,5	1,5
Lenkgetriebe (Getriebeöl GH 125)	0,215	0,215	0,215	0,215	0,215
Bremsanlage (Bremsflüssigkeit)	0,59	0,59	0,59	0,59	0,66
Stoßdämpfer (Stoßdämpferöl)					
vorn	0,120	0,120	0,120	0,120	0,120
hinten	0,215	0,215	0,195	0,215	0,195
Scheibenwaschanlage	0,75	0,75	1,0	1,0	2,0

Literaturquellenverzeichnis

/1/ Schnitzlein, G.
Handbuch für Berufskraftfahrer. transpress VEB Verlag für Verkehrswesen Berlin, 1972

/2/ Preusch, E.
WAS 2101. In: Der Deutsche Straßenverkehr, 20 (1972) H. 12

/3/ Hunger, J./Schmidt, H.-J.
Ich fahre mit einem Camping-/Lastenanhänger. transpress VEB Verlag für Verkehrswesen Berlin, 1977

/4/ Schade, S., Fuchs, B., Ratunde, M.
Unterwegshilfe Kfz-Elektrik. transpress VEB Verlag für Verkehrswesen Berlin, 1977

/5/ Hartmann, R.
Ich fahre einen Shiguli/Lada. transpress VEB Verlag für Verkehrswesen Berlin, 1974

/6/ Reichelt, W.
Korrosionsschutz an Kraftfahrzeugen. transpress VEB Verlag für Verkehrswesen Berlin, 1977

/7/ Liebmann, L.
Die Batterie im Winterbetrieb. In: Der Deutsche Straßenverkehr, 25 (1977) H. 1

Sachwortverzeichnis

Fortsetzung 3. Umschlagseite

Fortsetzung Sachwortverzeichnis